東北林業大學

帽儿山实验林场（教学区）习见生物资源图鉴

——脊椎动物卷

主编 许 青

東北林業大學出版社
Northeast Forestry University Press
·哈尔滨·

图书在版编目（CIP）数据

东北林业大学帽儿山实验林场（教学区）习见生物资源图鉴．脊椎动物卷 / 许青主编．—哈尔滨：东北林业大学出版社，2018.8
（东北林业大学帽儿山实验林场（教学区）习见生物资源图鉴）
ISBN 978-7-5674-1519-5

Ⅰ．①东…　Ⅱ．①许…　Ⅲ．①脊椎动物门—动物资源—尚志—图集　Ⅳ．①Q-64

中国版本图书馆CIP数据核字(2018)第194775号

东北林业大学帽儿山实验林场（教学区）习见生物资源图鉴——脊椎动物卷
DONGBEI LINYE DAXUE MAOERSHAN SHIYAN LINCHANG（JIAOXUEQU）XIJIAN SHENGWU ZIYUAN TUJIAN——JIZHUIDONGWUJUAN

责任编辑：任兴华
封面设计：博鑫设计
出版发行：东北林业大学出版社
（哈尔滨市香坊区哈平六道街6号　邮编：150040）
印　　装：哈尔滨市石桥印务有限公司
开　　本：210 mm×285 mm　16 开
印　　张：10
字　　数：227千字
版　　次：2018年8月第1版
印　　次：2018年8月第1次印刷
定　　价：180.00元

《东北林业大学帽儿山实验林场（教学区）习见生物资源图鉴》

编委会

《东北林业大学帽儿山实验林场（教学区）习见生物资源图鉴——脊椎动物物卷》

主　编　许　青

副主编　吴　伟　黄璞祎

编　者　盖晨艳　刘敬秋　聂江华　赵忠民

序

东北林业大学帽儿山实验林场于 1958 年 3 月正式建场，是东北林业大学教学、科研、生产实践的重要基地， 是国家林学实验教学示范中心的野外实践教学基地，是国内外各相关院校及科研院所的生态文明教育基地。林场承担着森林资源管护、教学科研实践、生产示范经营和生态文明教育的四大任务。

六十年来，一代代东林人筚路蓝缕、披荆斩棘，用 “人拉犁”的精神，将帽儿山实验林场建成以林学类专业为主，辐射带动其他相关专业的综合教学科研基地。在学校各林业专家的引领下，林场始终坚持“林中育人”，以“学生走进森林、教学融入自然”为特色，突出野外实践教学的核心地位，形成了“融课堂课外一体，扬实践实验优势，承树木树人传统，育创新创业人才”和“在大自然中创建实验室”的野外实践教育教学理念；林场全面落实“科研反哺教学，前沿引领实践”的方针，支持并参与了大量的国家级、省部级、院校级科研课题，获得了丰硕的科研成果。

经过六十年的教学科研实践与沉淀，帽儿山实验林场编写了这套“东北林业大学帽儿山实验林场（教学区）习见生物资源图鉴”，本丛书共分为三卷。

第一卷为《东北林业大学帽儿山实验林场（教学区）习见生物资源图鉴——植物卷》，该卷收录了分布于帽儿山的植物 80 科 274 种，约占帽儿山植物的 34%。这 274 种中绝大多数种为帽儿山实验林场的野生植物，也有少量种为外来入侵植物和广泛栽培并逸生的植物，其中蕨类植物 3 科 3 种，裸子植物 2 科 6 种，被子植物 75 科 265 种。

第二卷为《东北林业大学帽儿山实验林场（教学区）习见生物资源图鉴——脊椎动物卷》，该卷总结了近 20 年来当地野生脊椎动物的记录，确认目前当地有脊椎动物 321 种，其中鱼类 17 种，两栖类 8 种，爬行类 6 种，鸟类 251 种，哺乳类 39 种。321 种脊椎动物中国家级保护动物共 40 种，其中国家一级保护动物 3 种，二级保护动物 37 种，该卷详细介绍了部分物种。

第三卷为《东北林业大学帽儿山实验林场（教学区）习见生物资源图鉴——昆虫卷》，该卷共整理出林场习见昆虫 8 目 77 科 432 种。

本丛书从植物、脊椎动物、昆虫三个方面较为系统全面地介绍了帽儿山实验林场习见生物，描述简明扼要、图片清晰生动，可作为广大师生和科研工作者野外工作的参考书和工具书，不仅可以为学校的教学科研服务，而且可以为学校的“双一流”建设服务。

李斌

2018 年 5 月

前　言

东北林业大学帽儿山实验林场坐落于风景秀丽的黑龙江省尚志市帽儿山镇，林场总面积约为 265 km^2。该地区年平均气温 2.8 ℃左右，年降水量 723 mm 左右，平均海拔约 300 m，境内最高峰——帽儿山主峰海拔约 805 m。帽儿山地形地貌属于长白山系支脉张广才岭西北部小岭余脉，处于松嫩平原向大兴安岭、小兴安岭和长白山的过渡地带，即北部为小兴安岭，西北为松嫩平原，东南为长白山。该地区属温带季风性气候，春秋季风很强，冬季寒冷干燥，夏季气温较高，降雨集中在 7~8 月。境内 4 条小河汇为阿什河，最后流入松花江。帽儿山植被属长白植物区系，植被主要为天然次生林，是黑龙江东部山区较典型的天然次生林区，原地带性顶级群落为红松阔叶林。林冠下丰富的灌木植被和充足的天然水源，为野生动物停歇、食物补给提供了良好的生境条件，地理环境及物候具有明显的特殊性。

东北林业大学帽儿山实验林场始建于 1958 年，经多年精心培育和科学管护，拥有丰富的动植物资源，是东北林业大学教学、实习、实训、科研及成果推广与转化的基地。东北林业大学野生动物资源学院师生常年在此进行教学、科研活动，建立了帽儿山鸟类环志站和陆生野生动物疫源疫病监测站，积累了大量本地野生动物资料。尤其是帽儿山鸟类环志站的建立，为当地鸟类多样性提供了大量确切数据。东北林业大学帽儿山鸟类环志站的鸟类环志工作是东北林业大学野生动物资源学院师生从 1995 年秋季开始的，是黑龙江省开展鸟类环志工作最早的单位。到 2018 年春，共环志鸟类 156 种 37 万余只，近 6 年以来环志量均居全国鸟类环志站前列。20 余年来积累的详尽的鸟类迁徙数据，为顺利开展鸟类保护和迁徙研究提供了大量的基础资料。

本书总结了近 20 年来当地野生脊椎动物的记录，确认目前当地有脊椎动物 321 种。其中鱼类 17 种，两栖类 8 种，爬行类 6 种，鸟类 251 种，哺乳类 39 种。这些动物中国家级保护动物共 40 种，其中国家一级保护动物 3 种，二级保护动物 37 种。

由于野生动物拍摄工作不易以及篇幅问题，本书共收集本地区脊椎动物图片 219 种。鱼类部分由黄璞祎完成，吴伟完成 58 种鸟类介绍并提供 70 余幅鸟类照片，其余部分由许青完成。由于时间紧迫，错误在所难免，敬请谅解。

作　者

2018 年 5 月

目 录

鱼类

两栖类

爬行类

鸟类

哺乳类

鱼　类

1. 雷氏七鳃鳗 *Lampetra reissneri*

分类地位：圆口纲（Cyclostomata） 七鳃鳗目（Petromyzoniformes）

形态特征：体形小，呈鳗状，一般体长小于 20 cm。无上下颌，无外侧齿，下唇板齿 6 枚。2 背鳍基底连续，尾鳍色浅，最后鳃孔至臀鳍起点间肌节 59~66。

生活习性：昼伏夜出。主要营寄生半寄生生活。雷氏七鳃鳗利用吸盘状的口将自身吸附在鱼体上，借助锉舌锉破鱼体的皮肉，通过锉舌活塞式的往返运动来吸取鱼的体液、血、肉。需要指出的是，雷氏七鳃鳗还会摄食一些浮游生物。

栖息环境：阿什河上游。

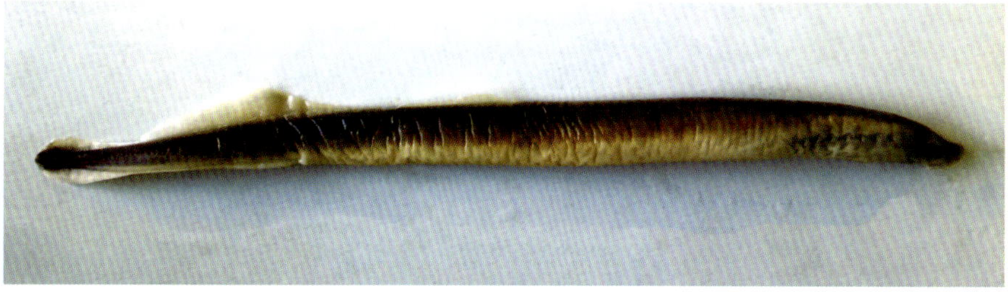

2. 马口鱼 *Opsariichthys bidens*

分类地位：辐鳍鱼纲（Actinopterygii） 鲤形目（Cypriniformes）

形态特征：体长而侧扁，体高略小于或等于头长。腹部圆，吻钝，口亚下位。下颌稍长于上颌，前端有 1 显著的突起与上颌中部凹陷相吻合，上下颌至侧缘凹凸镶嵌，无口须。雄性个体在吻和颊部有发达的珠星。体被圆鳞，中等大小。侧线完全，在胸鳍上方显著下弯。臀鳍条长，性成熟个体最长鳍条向后延伸可达尾鳍基部，尾鳍叉形。体背部灰黑色，腹部银白色。颊部及偶鳍和尾鳍下叶橙黄色，背鳍的鳍膜带有黑色斑点，体侧具有 10~14 道浅蓝色垂直斑条。

生活习性：喜欢栖息于较急水流和沙砾浅滩的山涧溪流。性凶猛，以小鱼和水生甲壳动物为主要食物。小型鱼类，1 冬龄即可达到性成熟，繁殖力较强。

栖息环境：阿什河上游。

3．草鱼 *Ctenopharyngodon idellus*

分类地位：辐鳍鱼纲（Actinopterygii） 鲤形目（Cypriniformes）

形态特征：体长形，前部近圆筒形，尾部侧扁，腹部圆，无腹棱。头宽，中等大小，前部略平扁。吻短钝，口裂宽。眼中大，位于头侧的前半部。眼间宽，稍凸。鳞中等大小，呈圆形。体呈茶黄色，腹部灰白色，体侧鳞片边缘灰黑色，胸鳍、腹鳍灰黄色，其他鳍浅色。

生活习性：生活在水体的中下层。其鱼苗阶段摄食浮游动物，幼鱼期兼食昆虫、蚯蚓、藻类和浮萍等，体长 10 cm 以上时，完全摄食水生高等植物，其中尤以禾本科植物为多。性成熟年龄一般为 4 龄，最小为 3 龄。

栖息环境：帽儿山周边水库。

4．餐条 *Hemiculter leucisculus*

分类地位： 辐鳍鱼纲（Actinopterygii） 鲤形目（Cypriniformes）

形态特征： 体侧扁，背缘平直，腹缘略呈弧形，自胸鳍基部下方至肛门具腹棱。头略尖，侧扁。吻短，口端位，口裂斜。眼中大，侧位。鳞中等大小，薄而易脱落。侧线完全，自头后向下倾斜至胸鳍后部弯折成与腹部平行，在臀鳍基部末端又折而向上，伸入尾柄正中。体背部青灰色，腹侧银色，尾鳍边缘灰黑色。

生活习性： 小型上层鱼类。杂食性，以浮游生物为主，活动在各种水体边缘。行动迅速，常成群游弋于浅水区上层。

栖息环境： 阿什河及帽儿山周边水库。

5．银鲴 *Xenocypris argentea*

分类地位： 辐鳍鱼纲（Actinopterygii） 鲤形目（Cypriniformes）

形态特征： 体侧扁，长形。头小，吻钝，口下位。下颌前缘有薄的角质，无须。眼较大，侧上位。鳞中等大。侧线完全，在胸鳍上方略下弯，向后伸入尾柄中央。新鲜标本背部灰黑色，腹部银白色。鳃盖膜后缘有橘黄色斑块。胸、腹、臀鳍基部呈浅黄色，背鳍灰色，尾鳍灰黑色。

生活习性： 生活在湖泊、水库及河流的缓流处，中下层鱼类，常以下颌角质边缘在石面泥表或水草上刮取食物，主要以植物碎屑、着生藻类为食，还食水生昆虫、甲壳动物等水生无脊椎动物及其他腐殖物质。为广温性鱼类。

栖息环境： 阿什河及帽儿山周边水库。

6．棒花鱼 *Abbottina rivularis*

分类地位：辐鳍鱼纲（Actinopterygii） 鲤形目（Cypriniformes）

形态特征：体稍长，粗壮，前部近圆筒状，后部略侧扁，背部隆起，腹部平直。头大。吻长，向前突出，吻端稍圆，口下位，近马蹄形。唇厚，发达，上唇通常具有极不明显的褶皱，下唇中央1对卵圆形紧靠在一起的肉质凸起为中叶，侧叶光滑，特别宽厚，在中叶前端相连，与中叶间有浅沟相隔，在口角处与上唇相连。须1对，较粗。眼较小，侧上位，眼间宽。体被圆鳞，胸部前方裸露无鳞。侧线完全，平直。背鳍发达，外缘明显外突，呈弧形。雄性体色鲜艳，雌性体色较深暗。背部、体侧上半部棕黄色，腹部银白色。头背部略呈乌黑色，喉部紫红色，体侧中轴具7~8个黑斑点，各鳍为浅黄色，背、尾鳍上有多数黑点组成的条纹，通常背鳍外缘呈黑色，胸鳍上亦有少数小黑点，基部金黄色。

生活习性：小型鱼类。4~5月繁殖期间，在沙底掘坑为巢，雌鱼产卵其中，雄鱼有筑巢和护巢习性。生活在静水或流水的底层，主食无脊椎动物。

栖息环境：阿什河及帽儿山周边水库。

7．麦穗鱼 *Pseudorasbora parva*

分类地位：辐鳍鱼纲（Actinopterygii） 鲤形目（Cypriniformes）

形态特征：体长，侧扁，尾柄较宽，腹部圆。吻短，尖而突出。口小，上位，呈“一”字形，下颌较上颌长，口裂短。唇薄，唇后沟中断，无须。眼较大，位置较前。眼间宽且平坦。体被圆鳞，鳞较大。侧线平直，完全，部分个体侧线不明显。体背部及体侧上半部分银灰色微带黑色，腹部白色。体侧鳞片后缘呈新月形黑纹。各鳍鳍膜灰黑色。生殖期雄性个体体色暗黑，各鳍深黑色。

生活习性：主要摄食甲壳类、水生昆虫，也食藻类、水草。雄鱼有珠星出现，孵化期间雄鱼有护卵习性。

栖息环境：阿什河及帽儿山周边水库。

8. 黑龙江鳑鲏 *Rhodeus sericeus*

分类地位： 辐鳍鱼纲（Actinopterygii） 鲤形目（Cypriniformes）

形态特征： 体侧扁而延长，似纺锤形。头较长，尾柄细长。口亚下位，口顶端处于眼下缘水平线上，口裂浅弧形，口角无须。眼较大，侧上位。鳃盖膜至鳃盖骨前缘与峡部相连。背、臀鳍末根不分枝鳍条硬，但细如首根分支鳍条。尾鳍叉形。侧线不完全，背鳍前鳞呈棱状超半数。繁殖季节雄鱼的背、臀鳍和胸鳍均延长；吻部具珠星，臀鳍外缘黑色；雌鱼具有产卵管。

生活习性： 小型鱼类。杂食性，以水藻、浮游生物、碎屑等为食。

栖息环境： 帽儿山周边水库。

9. 大鳍鱊 *Acheilognathus macropterus*

分类地位： 辐鳍鱼纲（Actinopterygii）
鲤形目（Cypriniformes）

形态特征： 体侧扁，背缘较腹缘隆起。头短小，口亚下位，口的顶点水平线远在眼下缘之下，口裂浅。口角须1对，突起状或缺失。眼侧上位。鳃盖膜至鳃盖骨前缘下方与峡部相连。侧线完全，至尾部倒数1~4鳞片无孔，平直，后入尾柄中央。繁殖期雄鱼婚姻色明显，沿尾柄有宝蓝色纵条。鳃盖后缘有蓝绿色的斑块，外围浅红色。各鳍呈浅柠檬色并夹带浅红色。雄鱼吻端的珠星乳白色。

生活习性： 小型鱼类。杂食性，以水藻、浮游生物、碎屑等为食。繁殖时，雌鱼利用产卵管将卵产于河蚌体内。

栖息环境： 帽儿山周边水库。

10．鲤 *Cyprinus carpio*

分类地位：辐鳍鱼纲（Actinopterygii） 鲤形目（Cypriniformes）

形态特征：体延长，稍侧扁，体长可达 1 m。体青黄色，尾鳍下叶红色。口端位，马蹄形。须 2 对，后对为前对的 2 倍长。背鳍、臀鳍均具硬刺，最后一硬刺的后缘具锯齿。背鳍前部呈三角形突出，后缘有一明显缺刻。身体背部纯黑色，侧线下方近金黄色。鳞片大而厚。

生活习性：底层鱼类，适应性很强，多栖息于底质松软、水草丛生的水体。冬季游动迟缓，在深水底层越冬。以底栖动物为主的杂食性鱼类，多食螺、蚌、蚬和水生昆虫的幼虫等底栖动物，也包括相当数量的高等植物和丝状藻类。

栖息环境：帽儿山周边水库。

11. 鲫 *Carassius auratus*

分类地位：辐鳍鱼纲（Actinopterygii） 鲤形目（Cypriniformes）

形态特征：体高而侧扁，前半部弧形，背部轮廓隆起，尾柄宽；腹部圆形，无腹棱。头短小，吻钝，无须。鳃耙长，鳃丝细长。咽齿1行，侧扁。背鳍后缘平直或微内凹，最后一枚鳍棘较强，其后缘锯齿较粗且稀。

生活习性：生长慢，个体小。适应性强。杂食性鱼类，以植物、藻类、小虾、蚯蚓、幼螺、昆虫为食。春季为摄食旺季，昼夜均在不断地摄食；夏季摄食时间为早、晚和夜间；秋季全天摄食；冬季则在中午前后摄食。

栖息环境：阿什河及帽儿山周边水库。

12. 鲢 *Hypophthalmichthys molitrix*

分类地位：辐鳍鱼纲（Actinopterygii） 鲤形目（Cypriniformes）

形态特征：体侧扁，稍高，腹部扁薄，从胸鳍基部前下方至肛门间有发达的腹棱。头较鳙小，吻短而钝圆。口宽大，端位，口裂稍向上倾斜，后端伸达眼前缘的下方，无须。眼位于头侧中轴的下方，眼间宽，稍隆起。鳃耙彼此连合成多孔的膜质片。左右鳃盖膜彼此连接而不与峡部相连。具发达的螺旋形鳃上器官。鳞小，侧线完全，前段弯向腹侧，后延至尾柄中轴。体银白色。

生活习性：栖息于水体上层。性活泼，善跳跃。主要以海绵状的鳃耙滤食浮游植物，但育苗阶段仍以浮游动物为食，是一种典型的浮游生物食性的鱼类。

13．北方花鳅 *Cobitis granoei*

分类地位：辐鳍鱼纲（Actinopterygii） 鲤形目（Cypriniformes）

形态特征：鳔前室包于骨囊内，后室退化。肠管长度不及体长。体背部和体侧中部各有十余个褐色斑块，尾鳍基上方有一个明显的黑点。背鳍和尾鳍有几条弧形黑纹。口须3对。眼小，眼前下方有眼下刺，眼间距短小。吻厚，眼前部狭窄而高。鳃孔小，开口于胸鳍基部。腹鳍起点约与背鳍相对。尾鳍圆形或截形，尾柄相对较长而低。鳞片细小，侧线鳞不完全。体棕灰色，腹部白色。

生活习性：一般生活在江边和湖岸浅水处。喜生活于沙砾底质的沟渠缓流或水质较肥多水草的静水环境，以藻类和高等植物碎屑为食。

栖息环境：阿什河及帽儿山周边水库。

14．黑龙江泥鳅 *Misgurnus moloity*

分类地位：辐鳍鱼纲（Actinopterygii） 鲤形目（Cypriniformes）

形态特征：体细长，圆柱状，尾柄部稍侧扁。头部小，吻尖钝，口下位，须5对，无眼下刺。腹鳍基部起点约与背鳍起点相对，躯体被鳞，尾鳍基部上方具一黑斑，尾柄处皮褶明显。

生活习性：底层鱼类，多生活于沙质或淤泥底质的静水缓流水体，受惊扰时常潜入石下缝隙中。适应性较强，耐低氧能力强。卵微具黏性，附着于枯草及水草上，以底栖动物、水生昆虫幼虫等为食。

栖息环境：阿什河及帽儿山周边水库。

栖息环境：帽儿山周边水库。

15．鲶 *Silurus asotus*

分类地位： 辐鳍鱼纲（Actinopterygii） 鲶形目（Siluriformes）

形态特征： 背鳍小，臀鳍长。口裂小，末端仅达眼前缘下方。须 2 对，无鳞，尾鳍小，眼小。体呈黑褐色或灰黑色，略有暗云状斑块。

生活习性： 底层肉食性凶猛鱼类。白天多隐于草丛、石块下或深水底，夜晚觅食活动频繁。

栖息环境： 阿什河及帽儿山周边水库。

16．葛氏鲈塘鳢 *Perccottus glenii*

分类地位： 辐鳍鱼纲（Actinopterygii） 鲈形目（Perciformes）

形态特征： 体圆，近纺锤形，后部侧扁。头大，前部略平扁。吻短而圆钝，其上方常具 1 瘤状突起。眼小，上侧位。口裂向上倾斜，下颌略长于上颌，无须。体被栉鳞，无侧线。两背鳍分离，尾鳍圆形。具鳔。体呈黄绿色或深褐色，体侧有暗色斑点。每年 5~6 月的繁殖期雄鱼的头后部会明显隆起。

生活习性： 小型鱼类，适应性强。性情凶猛，肉食性，以底栖动物、水生昆虫幼虫、小型鱼类、蝌蚪等为食。因为头较大，且具有较多浅沟而俗称为“老头鱼”“山胖头鱼”。具有较强的耐冻能力，甚至可以在冰中越冬，因此还被称为“还阳鱼”。

栖息环境： 阿什河及帽儿山周边水库。

两栖类

1．极北鲵 *Salamandrella keyserlingii*

分类地位：有尾目（Caudata）

小鲵科（Hynobiidae）

形态特征：体长 10～13 cm。犁齿呈“V”字形。卵块呈带状，30～35 天孵出蝌蚪状幼体，幼体具 3 对外鳃，在外鳃前方有一对棒状平衡器。长到 4 cm 时外鳃逐渐消失。

生活习性：昼伏夜出，以昆虫、软体动物、蚯蚓等为食。约在 4 月中旬产卵于水池内，产卵后的雌雄个体迁到陆地上营陆栖生活。5 月出蛰，10 月入蛰。

栖息环境：栖居在环境潮湿的地方，经常出没在水质清澈的沼泽地的草丛下或洞穴中。

2. 东方铃蟾 *Bombina orientalis*

分类地位： 无尾目（Anura）

盘舌蟾科（Discoglossidae）

形态特征： 雄蟾体长约 41.8 mm，雌蟾长约 42 mm，头宽略大于长。舌圆盘状，周围与口腔黏膜相连。皮肤粗糙，头上、背部及四肢背面满布刺疣。生活时一般为灰棕色，背部绿色或带绿色斑的个体也常见；上下唇缘及四肢背面有黑色花斑，腹面杂有黑色与橘红色的鲜明花斑。雄性前肢较粗壮，前肢内侧、内掌突及内侧三指基部有黑色细刺。

生活习性： 声音低沉，有冬眠的习性，肉食性，5～7 月产卵，每次产卵几十枚至百余枚不等，每年可产卵 150～300 枚。5 月出蛰，10 月入蛰。

栖息环境： 主要栖息在山溪的石下、草丛、路边、半山坡的小水坑、石头坑等处。

3. 中华大蟾蜍 *Bufo gargarizans*

分类地位： 无尾目（Anura）

蟾蜍科（Bufonidae）

形态特征： 体粗壮，体长 10 cm 以上，皮肤粗糙，全身布满大小不等的圆形瘰疣。头宽大，口阔，吻端圆，吻棱显著。舌分叉，近吻端有小形鼻孔 1 对。眼大而突出，眼后方有圆形鼓膜，头顶部两侧有大而长的耳后腺 1 个。躯体粗而宽，四肢粗壮，前肢短、后肢长，指、趾端无蹼，步行缓慢。雄蟾前肢内侧三指有黑色婚垫，无声囊。

生活习性： 主要以蜗牛、蚂蚁、蚊、蝗虫、金龟子、蝼蛄、蝇及多种有趋光性的蛾蝶为食。4 月出蛰，10 月入蛰。每年在 4～5 月间产卵；卵多为双行，排列在长条卵带内，卵带缠绕在水草上。受精卵两周后孵化。冬季群集于河底泥沙中越冬。傍晚到清晨常在塘边、沟沿、河岸、田边、菜园、路旁或房屋周围觅食，夜间和雨后最为活跃。

栖息环境： 栖息于河边、草丛、砖石孔等阴暗潮湿的地方。

4. 花背蟾蜍 *Bufo raddei*

分类地位： 无尾目（Anura）

蟾蜍科（Bufonidae）

形态特征： 和大蟾蜍相比，体形较小，体长平均 6 cm 左右，雌性最大者可达 8 cm。背面多呈橄榄黄色，有不规则的花斑，在分散的灰色疣粒上有红点，腹面乳白色。雄性的喉下有一内声囊。

生活习性： 与大蟾蜍相似。主要以蚊、蝗虫、金龟子、蝼蛄、蝇及多种有趋光性的蛾蝶为食。4 月出蛰，10 月入蛰。每年在 4~5 月间产卵。

栖息环境： 白昼多匿居于草石下或土洞内。冬季成群穴居在沙土中。

5. 东北雨蛙 *Hyla japonica*

分类地位： 无尾目（Anura） 雨蛙科（Hylidae）

形态特征： 体长 30~50 mm。头宽大于头长；鼻间距小于眼间距；鼓膜圆形；舌圆而厚，端部微有缺刻。指、趾端有具横沟的吸盘；背部皮肤光滑，颞褶明显；腕部有横肤沟；内跗褶棱状；腹面密布扁平疣。雄性咽喉部皮肤光滑而松薄，咽部色黑，具单咽下外声囊及雄性线，第一指内侧有白色婚垫。生活时体背面翠绿色或变色为灰色有斑纹，体侧及腹面呈白色。

生活习性： 白天伏在树根附近的石缝或洞穴内，夜晚栖息于灌木上。主要以昆虫为食，捕食蚁类、椿象、象鼻虫、金龟子等。4 月出蛰，10 月入蛰。

栖息环境： 常栖息于水塘、低海拔稻田、湿地等静水域。

6. 黑龙江林蛙 *Rana amurensis*

分类地位：无尾目（Anura） 蛙科（Ranidae）

形态特征：体长 50～60 mm。体大而肥硕，头长宽几相等；吻端尖圆，吻棱较明显；鼓膜显著，其径约为眼径的一半；犁骨齿列为椭圆形，胫跗关节前达肩部，左右跟部稍重叠。皮肤较粗糙，体和后肢背面及后腹部密布圆形大疣，背侧褶在颞褶部形成曲折状，先与颞褶相连，然后再达胯部。体色有变异，雄性为棕色、褐灰色、棕黑色，雌性为棕红色或棕黄色。背中央有一浅色较宽的脊线。鼓膜上有三角形黑色斑，咽、胸及腹部有朱红色与深灰色花斑。无声囊。

生活习性：与东北林蛙相似。4 月出蛰，10 月入蛰。

栖息环境：栖息于森林、灌丛、草地地带的沼泽、水塘、水坑和水沟等静水域或其附近。成体以陆栖为主。

7. 东北林蛙 *Rana dybowskii*

分类地位：无尾目（Anura） 蛙科（Ranidae）

形态特征：体长 71～90 mm。头较扁平，头长宽相等或略宽；吻端钝圆，略突出于下颌，吻棱较明显；鼻孔位于吻眼之间，鼻间距大于眼间距而与上眼睑等宽。背侧褶在鼓膜上方呈曲折状；后肢前伸贴体时胫跗关节超过眼或鼻孔；鼓膜部位有三角形黑斑。雄蛙第一指基部的两个大婚垫内下侧的间距明显，近腕部一团不大于指部一团，有一对咽侧下内声囊。

生活习性：以昆虫、蜘蛛、蜗牛等活饵为食。4 月出蛰，10 月入蛰。每年春天完成冬眠和生殖休眠以后，沿着溪流沟谷附近的潮湿植物带上山，开始营完全的陆地生活。

栖息环境：喜栖在林内郁闭度大、枯枝落叶多、空气湿润的植被环境，如阔叶林或针阔叶混交林。10 月至次年 4 月水体中越冬。

东北林蛙干制的雌性整体即市上所售的哈士蟆，其晒干的输卵管称哈士蟆油，为名贵的补品。

8. 黑斑蛙 *Rana nigromaculata*

分类地位：无尾目（Anura） 蛙科（Ranidae）

形态特征：体长 70～80 mm，雄性略小。头部略呈三角形，长略大于宽。口阔，吻钝圆，吻棱不显，近吻端有小形鼻孔 2 个。眼大而突出，眼间距窄，眼后方有圆形鼓膜，大而明显。体背面有一对较粗的背侧褶；背部基色为黄绿色或深绿色，或带灰棕色，具有不规则的黑斑，背中央常有一条宽窄不一的浅色纵脊线，由吻端直到肛口。腹面皮肤光滑，白色，无斑。雄蛙具颈侧外声囊；前肢第一指基部有粗肥的灰色婚垫，满布细小白疣。

生活习性：喜群居，营水陆两栖生活，黄昏后、夜间出来活动、捕食，冬眠，蝌蚪期为杂食性，成体期以昆虫为食。4 月出蛰，10 月入蛰。

栖息环境：多栖于池塘、水沟或小河内。

爬行类

1．丽斑麻蜥 *Eremias argus*

分类地位：蜥蜴目（Lacertiformes）
蜥蜴科（Lacertidae）

形态特征：全长 46～56 mm。体圆长而略平扁，尾圆长，头略扁平而宽，前端稍圆钝。背棕灰夹青、棕绿、棕褐、黑灰等色，头顶棕灰色，头颈侧有黑镶黄色长纹 3 条。从两顶鳞后外缘开始向后有 2 条浅黄色纵纹直达尾的 1/5 处；从两侧上唇鳞后端经耳孔、体侧到尾基部各具 1 条纵纹。背及体侧具有几乎纵行对称的眼状斑，中心近黄色或乳白色，周围棕黑色。腹部乳白色，四肢与尾部的腹面乳黄色。

生活习性：平时常在灌木丛或芨芨草堆周围活动。日出后外出活动，食物全部为昆虫，尤以蚂蚁、甲虫、蝇、蚊和蛾类为多。卵生。4 月出蛰，10 月入蛰。

栖息环境：栖息于平原、丘陵、草原及农田等各种不同生境，是麻蜥中的喜温种类。多出没在沙丘、荒山坡、沙石较多的平地及壕沟、堤坝等处。

2．枕纹锦蛇 *Elaphe dione*

分类地位：蛇目（Serpentiformes）
游蛇科（Colubridae）

形态特征：全长 520～1 004 mm。体圆长，头较长而略宽扁，颈明显，背面苍灰色或灰褐色，少数浅棕色，个别红褐色。头背有双套“八”字形斑，前套经眼直达口角，后套向后形成左右 2 条枕纹。体背有 3 条浅色纵纹，其上排列着锯齿状窄横斑。腹面黄白色或灰色，缀有许多黑斑点。浅棕色个体腹面黄红色杂以黑斑点。有的个体腹面的黑斑呈方格形，易与红点锦蛇相混。

生活习性：食鼠、蛙、蟾、蜥蜴、蛇、鸟及鸟卵。卵生。4 月出蛰，10 月入蛰。

栖息环境：生活于平原、丘陵、山地、田野、坟堆、林间，亦见于路旁、桥下、墙缝、温泉、沼泽甚至沙丘。

3．红点锦蛇 *Elaphe rufodorsata*

分类地位：蛇目（Serpentiformes）
游蛇科（Colubridae）

形态特征：全长在 1 000 mm 以内。背鳞平滑，头有 3 条“Λ”形黑斑，1 条在吻背，穿过眼沿头侧向后，另 2 条在额部沿枕部向后，分别延续为躯尾背面的 4 条黑褐色纵纹。体前有 4 行杂有红棕色的黑点，渐成黑纵线达尾背；腹面密缀黑黄相间的棋格斑。

生活习性：能泳善泅。常在湿地捕食林蛙、各种鳅类和小鼠等。性较贪食，甚至有同类间为争食而斗，并能吞下比自身更大的动物。卵生。4 月出蛰，10 月入蛰。

栖息环境：栖居于傍水的草丛内，也常在阴湿的山麓出现。

4．棕黑锦蛇 *Elaphe schrenckii*

分类地位：蛇目（Serpentiformes） 游蛇科（Colubridae）

形态特征：全长 1 130～1 600 mm。体较大，圆长，背面棕黑色，鳞片闪光；头侧自眼前至口角有 1 条黑粗斑纹，上下唇鳞鹅黄色或乳黄色，鳞后部黑色约占一半；自颈至尾有黄色窄横斑；腹面颌部稍黄，余为乳白色或灰白色，杂有明显的黑斑。

生活习性：以食鼠为主，偶食雏鸟和鸟卵。卵生。4 月出蛰，10 月入蛰。

栖息环境：生活于山地、平原、丘陵地带。常见于林缘、草丛、园田、塘边、桥下以及乡间旧房的屋顶。

5．乌苏里蝮 *Gloydius ussuriensis*

分类地位：蛇目（Serpentiformes） 蝰科（Viperidae）

形态特征：小型毒蛇，全长 510~660 mm。头部略呈三角形，头背有一深色“Λ”形斑纹。背面暗褐色、棕褐色或红褐色，有两行边缘黑色、中心色浅、向体侧开放的大圆斑纵贯全身，左右圆斑对称排列或略有交错，在背中线彼此相接或几乎相接。眼后黑色眉纹较宽，上缘平直镶白边，下缘略呈波纹不镶白边。尾尖色不浅淡，舌粉红色，鼻间鳞外侧尖细微向后弯。有一对颊窝，有前管牙。

生活习性：吃鼠、蛙及鱼，偶尔也食蜥蜴及其他蛇类。卵胎生。4 月出蛰，10 月入蛰。

栖息环境：多见于平原、浅丘或低山的杂草、灌丛、林缘、田野或石堆中。

6．岩栖蝮 *Gloydius saxatilis*

分类地位：蛇目（Serpentiformes） 蝰科（Viperidae）

形态特征：小型毒蛇，全长 444~790 mm。头较大，三角形，不宽扁；颈明显，有颊窝；瞳孔竖立枣核状；体粗壮，较长大。背面棕褐色、棕红色或棕黄色，自颈至尾有浅色窄横斑，体前部的横斑多为左右两小段相接，向后则连成整个横斑，间或亦有左右两段交错者。腹面、颔部黄白色或乳白色，向后则只较背色稍浅。头背有深色斑，眼后至口角的黑褐色带斑宽（约 4 mm）。

生活习性：主要以鼠类为食。卵胎生。4 月出蛰，10 月入蛰。

栖息环境：生活于山区，多在山上部草丛中、乱石堆上、石缝中、山沟树木下的石砾中和河坡的灌丛中，以鼠类出没处、阔叶林中、柞林中尤多。

鸟 类

1．花尾榛鸡　*Tetrastes bonasia*

分类地位：鸡形目（Galliformes）　雉科（Phasianidae）

形态特征：中小型鸡类，体长35～37 cm。具明显冠羽，喉黑而带白色宽边。上体烟灰褐色，蠹斑密布。两翼杂黑褐色；肩羽及翼上覆羽羽缘白色呈条带状。尾羽近褐色，外侧尾羽带黑色次端斑而端白。下体皮黄色，羽中部位带棕色及黑色月牙形点斑。两胁具棕色鳞状斑。红色的肉质眉垂不明显。

生活习性：主要以植物的嫩枝、嫩芽、果实和种子为食。

栖息环境：栖息于阔叶林或混交林中。

2．日本鹌鹑　*Coturnix japonica*

分类地位：鸡形目（Galliformes）
雉科（Phasianidae）

形态特征：小型鹑类，体长14～20 cm。雄鸟头顶、颈、背黑褐色杂有浅黄色羽干纹，中央冠纹和眉纹白色。雌鸟颏、喉浅黄色，颈侧浅灰黄色和具黑色端斑，上胸黄褐色，具黑色斑纹或纵斑。虹膜红褐色，嘴角蓝色，跗跖淡黄色。

生活习性：以植物性食物为食，也食昆虫。夏候鸟。

栖息环境：栖息于干旱平原草地、低山丘陵、山脚平原、溪流岸边和疏林空地。

3．雉鸡 *Phasianus colchicus*

分类地位：鸡形目（Galliformes）

雉科（Phasianidae）

形态特征：大型鸡类，体长58～90 cm。雄鸟羽毛艳丽，脸部裸露、红色；头顶两侧各有一束能耸起的羽簇；虹膜栗红色；颈部呈金属绿色，具白色颈圈；尾羽长而有横斑；嘴灰色，端部绿黄色；跗跖黄绿色，具短距。雌鸟较小，羽色不如雄鸟艳丽，羽毛大都为褐色和棕黄色；虹膜淡红褐色；无距。

生活习性：杂食性，所吃食物随地区和季节而不同。均为留鸟。

栖息环境：栖息于低山丘陵、农田、地边、沼泽草地，以及林缘灌丛和公路两边的灌丛与草地中。

4．鸿雁 *Anser cygnoid*

分类地位：雁形目（Anseriformes） 鸭科（Anatidae）

形态特征：大型水禽，体长80～93 cm。雌雄相似。头顶至后颈暗棕褐色，前颈近白色，黑白两色区分明显。胸棕色，额基有棕白色细环纹，体色灰褐色。虹膜红褐色或金黄色，嘴黑色，跗跖橙黄色或肉红色。

生活习性：飞行能力强。以各种草本植物的叶、芽及陆生和水生植物藻类等为食。旅鸟。

栖息环境：主要栖息于开阔的平原草地、湖泊、水塘、河流、沼泽及其附近地区的农田。

5．大天鹅 *Cygnus cygnus*

分类地位： 雁形目（Anseriformes）

鸭科（Anatidae）

形态特征： 大型鸭类，体长 120～160 cm。全身的羽毛均为雪白的颜色，雌雄同色，雌性较雄性略小，全身洁白，仅头稍沾棕黄色。虹膜暗褐色，嘴黑色，上嘴基部黄色，此黄斑沿两侧向前延伸至鼻孔之下，呈喇叭形。跗跖、蹼、爪亦为黑色。幼鸟全身灰褐色，头和颈部较暗，下体、尾和飞羽色较淡，嘴基部粉红色，嘴端黑色。

生活习性： 性喜集群，主要以水生植物叶、茎、种子和根茎为食，也食少量动物性食物。

栖息环境： 主要栖息于多草的大型湖泊、水库、水塘、河流、海滩和开阔的农田地带。

6．赤麻鸭 *Tadorna ferruginea*

分类地位： 雁形目（Anseriformes） 鸭科（Anatidae）

形态特征： 大型鸭类，体长 51～68 cm。全身赤黄褐色，翅上有明显的白色翅斑和铜绿色翼镜；嘴、脚、尾黑色。雄鸟有一黑色颈环。飞翔时黑色的飞羽、尾、嘴和脚，黄褐色的体羽和白色的翼上和翼下覆羽形成鲜明的对照。

生活习性： 主要以水生植物芽、叶、种子、农作物幼苗、谷物等植物性食物为食。

栖息环境： 栖息于江河、湖泊、河口、水塘及其附近的草原、荒地、沼泽、沙滩、农田和平原疏林等各类生境中。

7. 鸳鸯 *Aix galericulata*

分类地位： 雁形目（Anseriformes）
鸭科（Anatidae）

形态特征： 中型鸭类，体长 38～45 cm。雌雄异色，雄鸟嘴红色，脚橙黄色，羽色鲜艳而华丽，头具艳丽的冠羽，眼后有宽阔的白色眉纹，翅上有一对栗黄色扇状直立羽，像帆一样立于后背，非常奇特和醒目，野外极易辨认。雌鸟嘴黑色，脚橙黄色，头和整个上体灰褐色，眼周白色，其后连一细的白色眉纹，亦极为醒目和独特。

生活习性： 喜欢成群活动，杂食性。以动物性食物为主，如蝼蛄、虾、蜗牛、蜘蛛，小型鱼类和蛙等。

栖息环境： 栖息于山地森林河流、湖泊、水塘、芦苇沼泽和稻田地中，冬季多栖息于大的开阔湖泊、江河和沼泽地带。

8. 赤膀鸭 *Mareca strepera*

分类地位： 雁形目（Anseriformes）
鸭科（Anatidae）

形态特征： 中型鸭类，体长 44～55 cm。雄鸟嘴黑色，脚橙黄色，上体暗褐色，背上部具白色波状细纹，腹白色，胸暗褐色而具新月形白斑，翅具宽阔的棕栗色横带和黑白二色翼镜，飞翔时尤为明显。雌鸟嘴橙黄色，嘴峰黑色。上体暗褐色而具白色斑纹，翼镜白色。

生活习性： 常成小群活动，主要以水生植物为食。

栖息环境： 栖息于江河、湖泊、水库、河湾、水塘和沼泽等内陆水域中。

9．绿头鸭 *Anas platyrhynchos*

分类地位： 雁形目（Anseriformes）
鸭科（Anatidae）

形态特征： 大型鸭类，体长 47～62 cm。雄鸟头、颈黑绿色，有金属光泽；颈基有一明显白色领环；腰及尾上覆羽黑色，两对中央尾羽黑色向上卷曲成钩状，外侧尾羽白色。雌鸟头顶至枕部黑色，具棕黄色羽缘；贯眼纹黑褐色。雄鸟嘴黄绿色或橄榄绿色，嘴角黑色，跗跖红色。雌鸟嘴黑褐色，嘴端暗棕黄色，跗跖橙黄色。虹膜棕褐色。

生活习性： 以各种草本植物的叶、芽及藻类、鱼类等为食。夏候鸟。

栖息环境： 主要栖息于水生植物丰富的湖泊、河流、池塘、沼泽等水域中。

10．斑嘴鸭 *Anas poecilorhyncha*

分类地位： 雁形目（Anseriformes） 鸭科（Anatidae）

形态特征： 大型鸭类，体长 50～64 cm。雌雄羽色相似，从额至枕棕褐色，眉纹白色，贯眼纹黑褐色。背部灰褐色，具棕白色羽缘。腰、尾上覆羽及尾羽黑褐色，尾羽缘较淡。雌鸟自胸以下灰白色，杂以暗褐色斑。翼镜蓝绿色，前缘雄鸟有白带，雌鸟无白带。虹膜黑褐色，外围橙黄色。嘴黑色，先端黄色，跗跖橙红色。

生活习性： 以各种草本植物的叶、芽及陆生和水生植物，藻类、鱼类等为食。夏候鸟。

栖息环境： 主要栖息在内陆各类大小湖泊、水库、江河、水塘和沼泽地带。

11．琵嘴鸭 *Spatula clypeata*

分类地位：雁形目（Anseriformes）

鸭科（Anatidae）

形态特征：中型鸭类，体长 43~51 cm。雄鸭头至上颈暗绿色而具光泽，背黑色，背的两边以及外侧肩羽和胸白色，且连成一体，翼镜金属绿色，腹和两胁栗色，脚橙红色，嘴大而扁平，先端扩大呈铲状。雌鸟上体暗褐色，头顶至后颈杂有浅棕色纵纹。虹膜雄鸟为金黄色，雌鸟为淡褐色。嘴雄鸟为黑色，雌鸟为黄褐色。

生活习性：主要以软体动物、甲壳类、水生昆虫、鱼、蛙等动物性食物为食，也食水藻、草籽等植物性食物。旅鸟。

栖息环境：栖息于淡水湖畔，亦成群活动于江河、湖泊、水库、滩涂等水域。

12．红头潜鸭 *Aythya ferina*

分类地位：雁形目（Anseriformes）

鸭科（Anatidae）

形态特征：中型鸭类，体长 42~49 cm。雄性头顶呈红褐色、圆形，胸部和肩部黑色，其他部分大都为淡棕色，翼镜大部分呈白色。雌性大多呈淡棕色，翼灰色，腹部灰白色。幼年雄性下部羽色较深，与雌性颇相似。雄性覆羽与雌性相同，但头和颈部的红色比较浅。眼鲜红色或红棕色，喙蓝黑色，脚青灰色或铅灰色，蹼和爪黑色。

生活习性：主要以水藻，水生植物叶、茎、根和种子为食。夏候鸟。

栖息环境：主要栖息于富有水生植物的开阔湖泊、水库、水塘、河湾等各类水域中。

13. 普通秋沙鸭 *Mergus merganser*

分类地位： 雁形目（Anseriformes）

鸭科（Anatidae）

形态特征： 大型鸭类，体长 54~68 cm。头和上颈黑褐色，具绿色金属光泽，枕具短而厚的黑褐色羽冠，下颈白色。上背黑褐色，肩羽外侧白色，内侧黑褐色，下背灰褐色，腰和尾上覆羽灰色，尾羽灰褐色。翅上初级飞羽和覆羽暗褐色，次级飞羽外翈具窄的黑色边缘，大覆羽和中覆羽白色，小覆羽灰色而具白色端斑，翅上各羽之白色形成一个大的白色翼镜。下体从下颈、胸一直到尾下覆羽均为白色。虹膜暗褐色或褐色，嘴暗红色，跗跖红色。

生活习性： 主要食小鱼，也大量捕食软体动物、甲壳类、石蚕等水生无脊椎动物，偶尔也吃少量植物性食物。

栖息环境： 主要栖息于森林和森林附近的江河、湖泊和河口地区，也栖息于开阔的高原地区水域。

14. 小䴙䴘 *Tachybaptus ruficollis*

分类地位： 䴙䴘目（Podicipediformes） 䴙䴘科（Podicipedidae）

形态特征： 小型游禽，体长 25~29 cm。枕部具黑褐色羽冠。成鸟上颈部具黑褐色杂棕色的皱翎，上体黑褐色，下体白色。虹膜黄色，嘴黑而具白端，跗跖和趾等均为石板灰色。繁殖季节颈部的羽色栗红，冬季颈部羽色变淡。

生活习性： 主要以各种小型鱼类为食，也吃虾、蜻蜓幼虫、蝌蚪、甲壳类、软体动物和蛙等小型水生动物。夏候鸟。

栖息环境： 栖息于湖泊、水塘、水渠、池塘和沼泽地带，也见于水流缓慢的江河和沿海芦苇沼泽中。

15．凤头䴙䴘 *Podiceps cristatus*

分类地位：䴙䴘目（Podicipediformes）
䴙䴘科（Podicipedidae）

形态特征：中型游禽，体长 50～70 cm。上体暗灰褐色；前额、头顶黑褐色；枕部两侧羽毛延长成羽冠；眼先具黑纹，余部白色；颊的后部有棕栗色饰羽（冬羽无），羽端黑色；后颈及背黑褐色；翅具白斑；前颈、胸以下白色；两胁淡褐色，几乎没有尾。

生活习性：以昆虫成虫、幼虫，虾，甲壳类，软体动物等水生动物为食，偶尔也食少量的水生植物。

栖息环境：栖息于低山和平原地带的水塘、湖泊、沼泽及江河。

16．山斑鸠 *Streptopelia orientalis*

分类地位：鸽形目（Columbiformes） 鸠鸽科（Columbidae）

形态特征：中型鸟类，体长 28～36 cm。嘴基部柔软，被以蜡膜。颈侧具带明显黑白色条纹的块状斑。上体具深色扇贝斑纹，体羽羽缘棕色，腰灰色，尾黑色具灰白色端斑。下体多偏粉色。虹膜红棕色，嘴铅蓝色，脚红色。

生活习性：以各种植物果实、种子、草籽、嫩叶、幼芽等为食。夏候鸟。

栖息环境：栖息于低山丘陵、平原、果园、农田以及宅旁树上。

17. 普通夜鹰 *Caprimulgus indicus*

分类地位： 夜鹰目（Caprimulgiformes）
夜鹰科（Caprimulgidae）

形态特征： 中型鸟类，体长 26~28 cm。上体灰褐色，密杂以黑褐色和灰白色虫蠹斑。颏、喉黑褐色，喉下具白斑。胸灰白色杂黑褐色横斑，腹及两胁棕黄色杂黑褐色横斑。尾下覆羽红棕色或棕白色，杂以黑褐色横斑。虹膜褐色，嘴黑色，脚棕褐色。

生活习性： 夜行性，白天多蹲伏于林中草地上或卧伏于阴暗的树干上，难被发现。以天牛、金龟子、甲虫、夜蛾、蚊等昆虫为食。夏候鸟。

栖息环境： 主要栖息于阔叶林、针叶林及针阔叶混交林。

18. 白喉针尾雨燕 *Hirundapus caudacutus*

分类地位： 夜鹰目（Caprimulgiformes）
雨燕科（Apodidiae）

形态特征： 小型鸟类，体长 19~20 cm。头顶至后颈黑褐色，具蓝绿色金属光泽。背、肩、腰丝光褐色，尾上覆羽和尾羽黑色，具蓝绿色金属光泽，尾羽羽轴末端延长呈针状。翼覆羽和飞羽黑色，具紫蓝色和绿色金属光泽。虹膜褐色，嘴黑色，跗跖和趾肉色。

生活习性： 主要以蚂蚁及双翅目、鞘翅目等飞行性昆虫为食。

栖息环境： 主要栖息于山地森林、河谷等开阔地带。

19. 棕腹鹰鹃　*Hierococcyx varius*

分类地位：鹃形目（Cuculiformes）杜鹃科（Cuculidae）

形态特征：中型鸟类，体长 28～30 cm。头和颈侧灰色，眼先近白色。上体和两翅表面淡灰褐色。尾上覆羽较暗，具宽阔的次端斑和窄的近灰白色或棕白色端斑。尾灰褐色，具五道暗褐色和三道淡灰棕色带斑，尾基部还在覆羽下隐掩着一条白色带斑，初级飞羽内侧具多道白色横斑。颏暗灰色至近黑色，有一灰白色髭纹。其余下体白色。喉、胸具栗色和暗灰色纵纹，下胸及腹具较宽的暗褐色横斑。虹膜橙色至朱红色，眼周黄色。上嘴角黑色，基部和下嘴端部淡绿色。脚鲜黄色。

生活习性：常单独活动，以昆虫，尤其是鳞翅目幼虫为主要食物，也食少量野果。

栖息环境：多单独栖息于常绿阔叶林、针叶林或山地灌木林中，性隐蔽，不易被发现。

20. 四声杜鹃 *Cuculus micropterus*

分类地位： 鹃形目（Cuculiformes）

杜鹃科（Cuculidae）

形态特征： 中型鸟类，体长31~34 cm。头颈部暗灰色；背、腰、尾、两翅深褐色，翅形尖长；尾较长，具黑色亚端斑；下体均白色，杂以黑色横斑。雌鸟较雄鸟多褐色。虹膜红棕色；眼圈黄色；上嘴黑色，下嘴偏绿色；脚黄色。

生活习性： 繁殖为巢寄生。主要以松毛虫、蛾类等昆虫为食。夏候鸟。

栖息环境： 栖息于山地森林和山麓平原地带的森林中。

21. 中杜鹃 *Cuculus saturatus*

分类地位： 鹃形目（Cuculiformes） 杜鹃科（Cuculidae）

形态特征： 中小型鸟类，体长26~27 cm。额、头顶至后颈灰褐色；背、腰至尾上覆羽蓝灰褐色；翅暗褐色，翅上小覆羽略沾蓝色。初级飞羽内侧具白色横斑。颏、喉、前颈、颈侧至上胸银灰色，下胸、腹和两胁白色，具宽的黑褐色横斑。虹膜黄色；嘴铅灰色，下嘴灰白色，嘴角黄绿色；脚橘黄色，爪黄褐色。

生活习性： 主要以昆虫为食，尤其喜食鳞翅目幼虫和鞘翅目昆虫。

栖息环境： 栖息于山地针叶林、针阔叶混交林和阔叶林等茂密的森林中，偶尔也出现于山麓平原人工林和林缘地带。

22. 大杜鹃 *Cuculus canorus*

分类地位：鹃形目（Cuculiformes） 杜鹃科（Cuculidae）

形态特征：中型鸟类，体长 30～37 cm。雄鸟上体浅灰色；两翅暗褐色；头颈部淡灰色；下体、胸、腹及胁部白色，并杂以黑褐色窄细横斑。雌鸟上体及背部棕褐色并具黑褐色横斑；喉、胸部也具栗色和黑褐色横斑。虹膜黄色；嘴黑褐色，下嘴基近黄色；脚黄色。

生活习性：常单独活动。繁殖为巢寄生。主要以鳞翅目幼虫、甲虫、蜘蛛、螺类等为食。夏候鸟。

栖息环境：栖息于山地、丘陵和平原地带的森林中。

23. 花田鸡 *Coturnicops exquisitus*

分类地位：鹤形目（Gruiformes） 秧鸡科（Rallidae）

形态特征：小型涉禽，体长 12～13 cm。上体呈褐色，具有黑色纵纹及白色的细小横斑。颏部、喉部及腹部为白色。胸部呈黄褐色，两胁及尾下缀有深褐色及白色的宽横斑，尾部短而上翘。虹膜呈褐色，嘴为暗黄色，脚为黄色。

生活习性：主要以各种藻类、水生昆虫及软体动物为食。

栖息环境：栖息于小河、湖泊以及沼泽附近的草丛中。

24. 黑水鸡 *Gallinula chloropus*

分类地位： 鹤形目（Gruiformes）
秧鸡科（Rallidae）

形态特征： 中型涉禽，体长 24～35 cm。成鸟两性相似，雌鸟稍小。额甲鲜红色，嘴短，嘴红色，嘴尖端黄色。体羽全青黑色，仅两肋有白色细纹而成的线条以及尾下有两块白斑，尾上翘时此白斑尽显。

生活习性： 主要以水生植物嫩叶、幼芽、根茎，以及水生昆虫、蠕虫、蜘蛛、软体动物等为食。

栖息环境： 栖息于富有芦苇和水生挺水植物的淡水湿地、沼泽、湖泊、水库、苇塘、水渠和水稻田中。

25. 白骨顶 *Fulica atra*

分类地位： 鹤形目（Gruiformes） 秧鸡科（Rallidae）

形态特征： 大型涉禽，体长 40～43 cm。全身黑色，仅嘴和额甲为白色。嘴长度适中，高而侧扁。头具额甲，端部钝圆。翅短圆，第 1 枚初级飞羽较第 2 枚初级飞羽短。跗跖短，短于中趾，不连爪，趾均具宽而分离的瓣蹼。体羽全黑或暗灰黑色，多数尾下覆羽有白色，两性相似。

生活习性： 善游泳，主要以植物为食，其中以水生植物的嫩芽、叶、根、茎为主，也食昆虫、蠕虫、软体动物等。

栖息环境： 栖息于有水生植物的大面积静水或近海的水域。

26. 黑翅长脚鹬 *Himantopus himantopus*

分类地位： 鸻形目（Charadriiformes） 反嘴鹬科（Recurvirostridae）

形态特征： 小型涉禽，体长37～39 cm。额白色，头顶至后颈黑色，或白色而杂以黑色。肩、背和翅上覆羽也为黑色，且具绿色金属光泽。初级飞羽、次级飞羽和三级飞羽黑色，微具绿色金属光泽，飞羽内侧黑褐色。腰和尾上覆羽白色，有的尾上覆羽沾有污灰色。尾羽淡灰色或灰白色，外侧尾羽近白色；额、前头、两颊自眼下缘、前颈、颈侧、胸和其余下体概为白色。腋羽也为白色，但飞羽下面黑色。上背、肩和三级飞羽褐色。雌鸟和雄鸟基本相似，但雌鸟整个头、颈全为白色。雄鸟冬羽和雌鸟夏羽相似，头颈均为白色，头顶至后颈有时缀有灰色。虹膜红色；嘴细而尖，黑色；脚细长，血红色。

生活习性： 主要以软体动物，虾，甲壳类，环节动物，昆虫成虫、幼虫及小鱼和蝌蚪等动物性食物为食。

栖息环境： 栖息于开阔平原草地中的湖泊、浅水塘和沼泽地带。

27. 凤头麦鸡 *Vanellus vanellus*

分类地位： 鸻形目（Charadriiformes）
鸻科（Charadriidae）

形态特征： 中型涉禽，体长29～34 cm。具长窄的黑色反翻型凤头。上体具绿黑色金属光泽。尾白而具宽的黑色次端带。头顶色深，耳羽黑色，头侧及喉部污白色，胸近黑色，腹白色。

生活习性： 善飞行，常在空中上下翻飞，主要以蝗虫、蛙类、小型无脊椎动物和植物种子等为食。

栖息环境： 栖息于湿地、水塘、水渠、沼泽等，有时也远离水域。

28. 灰头麦鸡 *Vanellus cinereus*

分类地位：鸻形目（Charadriiformes） 鸻科（Charadriidae）

形态特征：中型涉禽，体长 35~37 cm。夏羽上体棕褐色，头颈部灰色，眼周及眼先黄色。两翼翼尖黑色，内侧飞羽白色。尾白色，具一阔的黑色端斑。喉及上胸部灰色，胸部具黑色宽带，下腹部白色。虹膜红色，眼周裸出部及眼先肉垂黄色，嘴黄色具黑端。胫部裸露部分、跗跖及趾黄色，爪黑色。翅角有突起（类似于角质距）。有后趾。

生活习性：主要以鞘翅目、鳞翅目昆虫为食，也吃虾、蜗牛、螺、蚯蚓等小型无脊椎动物和大量杂草种子及植物嫩叶。

栖息环境：栖息于开阔的沼泽、水田、耕地、草地、河畔或山中池塘畔。

29. 金鸻 *Pluvialis fulva*

分类地位：鸻形目（Charadriiformes） 鸻科（Charadriidae）

形态特征：中型涉禽，体长 24~26 cm。夏季全身羽毛大多呈黑色，背上有金黄色斑纹。翅膀又尖又长，飞行能力很强，秋天迁徙飞到很远的地方去越冬。跗跖修长，胫下部亦裸出。中趾最长，趾间具蹼或不具蹼，后趾形小或退化。翅形尖长，第 1 枚初级飞羽退化，形狭窄，甚短小；第 2 枚初级飞羽较第 3 枚初级飞羽长或者二者等长。三级飞羽极长。尾形短圆，尾羽 12 枚。

生活习性：主食昆虫（鞘翅目、直翅目、鳞翅目等）、软体动物、甲壳动物等。

栖息环境：喜结小群活动于海岸线、河口、盐田、稻田、草地、湖滨、河滩等处，善于在地上疾走。

30．金眶鸻 *Charadrius dubius*

分类地位：鸻形目（Charadriiformes） 鸻科（Charadriidae）

形态特征：小型涉禽，体长 15～17 cm。眼睑四周金黄色，额白色，额顶具一宽的黑色横带。后颈具一白色环带，向下与颏、喉部白色相连，紧接此白环之后有一黑领围绕着上背和上胸，其余上体灰褐色或沙褐色。虹膜暗褐色，嘴黑色，脚和趾橙黄色。

生活习性：以蠕虫、甲壳类、昆虫及软体动物为食。夏候鸟。

栖息环境：栖息于河流、湖泊、草地、农田、河口沙洲、沼泽湿地。

31．丘鹬 *Scolopax rusticola*

分类地位：鸻形目（Charadriiformes）
鹬科（Scolopacidae）

形态特征：小型涉禽，体长 33～35 cm。额部淡灰色，头顶至后枕具 3～4 条黑色横带。上体锈红色，杂有黑色、黑褐色及灰褐色横斑和斑纹。虹膜深褐色；嘴粗长而直，尖端黑褐色；跗跖及趾灰黄色或蜡黄色。

生活习性：以昆虫、蚯蚓、蜗牛等小型无脊椎动物为食。夏候鸟。

栖息环境：主要栖息于山地的森林、林间沼泽、湿草地和林缘灌丛地带。

32. 孤沙锥 *Gallinago solitaria*

分类地位： 鸻形目（Charadriiformes） 鹬科（Scolopacidae）

形态特征： 中小型涉禽，体长 30~31 cm。头顶黑褐色，具一条白色中央冠纹，具淡栗色斑点。头侧和颈侧白色，具暗褐色斑点。从嘴基到眼有一条黑褐色纵纹，眉纹白色。后颈栗色，具黑色和白色斑点。肩外缘白色。上体黑褐色，杂以白色和栗色斑纹和横斑，背部横斑较窄。腰具窄的栗色横斑；尾上覆羽淡栗色，到尖端逐渐变为灰色。尾较圆，由 18 枚尾羽组成，3 对中央尾羽黑色，具棕色或淡栗色亚端斑和黄白色端斑，其间有一细的黑线将二者隔开。翅下覆羽和腋羽具窄的黑褐色和白色相间的横斑。

生活习性： 常单独活动。主要以昆虫成虫、幼虫，蠕虫，软体动物，甲壳类等无脊椎动物为食。也吃部分植物种子。

栖息环境： 栖息于山地森林中的河流与水塘岸边，以及林中和林缘沼泽地上。

33. 针尾沙锥 *Gallinago stenura*

分类地位： 鸻形目（Charadriiformes） 鹬科（Scolopacidae）

形态特征： 小型涉禽，体长 24~27 cm。头顶中央冠纹、眉纹棕白色，侧冠纹黑褐色。体背的两侧形成两条宽阔的纵纹。翅上外侧覆羽和飞羽黑褐色，末端具窄的灰白色端缘。虹膜褐色，嘴褐色，脚偏黄。

生活习性： 以昆虫成虫、幼虫，蠕虫等小型无脊椎动物为食。夏候鸟。

栖息环境： 主要栖息于山地森林、开阔的低山丘陵和平原地带的沼泽、草地和农田等水域湿地。

34. 扇尾沙锥 *Gallinago gallinago*

分类地位：鸻形目（Charadriiformes）

鹬科（Scolopacidae）

形态特征：小型涉禽，体长 24~30 cm。头顶具乳黄色或黄白色中央冠纹，侧冠纹黑褐色，眉纹乳黄白色，贯眼纹黑褐色，嘴相对较长（约为头长的 2 倍），次级飞羽具白色宽后缘。虹膜褐色，嘴褐色，脚橄榄色。

生活习性：以昆虫、蠕虫、蜘蛛、软体动物、小鱼及杂草种子为食。夏候鸟。

栖息环境：主要栖息于淡水或盐水湖泊、河流、芦苇塘和沼泽地带。

35. 红脚鹬 *Tringa totanus*

分类地位：鸻形目（Charadriiformes）

鹬科（Scolopacidae）

形态特征：小型涉禽，体长 26~28 cm。上体褐灰色，下体白色，胸具褐色纵纹。飞行时腰部白色明显，次级飞羽具明显白色外缘。尾上具黑色细斑。虹膜黑褐色，嘴长直而尖，基部橙红色，尖端黑褐色。脚细长，亮橙红色，繁殖期变为暗红色，幼鸟脚橙黄色。

生活习性：主要以螺，甲壳类，软体动物，环节动物，昆虫成虫、幼虫等各种小型无脊椎动物为食。

栖息环境：栖息于沼泽、草地、河流、湖泊、水塘、沿海海滨、河口沙洲等水域或水域附近的湿地上。

36．泽鹬 *Tringa stagnatilis*

分类地位：鸻形目（Charadriiformes） 鹬科（Scolopacidae）

形态特征：小型涉禽，体长 19～23 cm。上体灰褐色，腰及下背白色，尾羽上有黑褐色横斑。前颈和胸有黑褐色细纵纹，额白。下体白色，虹膜暗褐色。嘴长，相当纤细，直而尖，颜色为黑色，基部绿灰色。脚细长，暗灰绿色或黄绿色。

生活习性：主要以水生昆虫成虫、幼虫，蠕虫，软体动物和甲壳类为食。

栖息环境：栖息于湖泊、河流、芦苇沼泽、水塘、河口和沿海沼泽与邻近水塘和水田地带。

37．青脚鹬 *Tringa nebularia*

分类地位：鸻形目（Charadriiformes） 鹬科（Scolopacidae）

形态特征：中型涉禽，体长 30～35 cm。头顶至后颈灰褐色，羽缘白色。背、肩灰褐色或黑褐色，具黑色羽干纹和窄的白色羽缘，下背、腰及尾上覆羽白色，长的尾上覆羽具少量灰褐色横斑。尾白色，具细窄的灰褐色横斑；外侧 3 对尾羽几纯白色，有的具不连续的灰褐色横斑。虹膜黑褐色。嘴较长，基部较粗，往尖端逐渐变细和向上倾斜，颜色基部为蓝灰色或绿灰色，尖端黑色。脚淡灰绿色、草绿色或青绿色，有时为黄绿色或暗黄色。

生活习性：主要以虾，蟹，小鱼，螺，水生昆虫成虫、幼虫为食。常单独或成对在水边浅水处涉水觅食，有时也进到齐腹深的深水中。

栖息环境：栖息于泰加林、苔原森林和亚高山杨桦矮曲林地带的湖泊、河流、水塘和沼泽地带。

38．白腰草鹬 *Tringa ochropus*

分类地位：鸻形目（Charadriiformes）

鹬科（Scolopacidae）

形态特征：小型涉禽，体长 20～24 cm，是一种黑白两色的内陆水边鸟类。夏季上体黑褐色，具白色斑点。腰和尾白色，尾具黑色横斑。下体白色，胸具黑褐色纵纹。白色眉纹仅限于眼先，与白色眼周相连，在暗色的头上极为醒目。冬季颜色较灰，胸部纵纹不明显，为淡褐色。

生活习性：主要以蠕虫，虾，蜘蛛，小蚌，田螺，昆虫成虫、幼虫等小型无脊椎动物为食，偶尔也吃小鱼和稻谷。

栖息环境：栖息于山地或平原森林中的湖泊、河流、沼泽和水塘附近。

39．林鹬 *Tringa glareola*

分类地位：鸻形目（Charadriiformes）

鹬科（Scolopacidae）

形态特征：小型涉禽，体长 19～23 cm。体形略小，纤细，灰褐色，腹部及臀偏白，腰白色。上体灰褐色而极具斑点；眉纹长，白色；尾白而具褐色横斑。飞行时尾部的横斑、白色的腰部及下翼以及翼上无横纹为其特征。脚远伸于尾后。

生活习性：主要以水生昆虫成虫、幼虫，蠕虫，软体动物为食。夏候鸟。

栖息环境：栖息于湖泊、河流、芦苇沼泽、河口和水田地带。

40．矶鹬 *Actitis hypoleucos*

分类地位： 鸻形目（Charadriiformes）
鹬科（Scolopacidae）

形态特征： 小型涉禽，体长16~22 cm。眉纹白色，贯眼纹黑色。上体橄榄绿褐色，具绿灰色光泽。飞行时翼上具白色横纹。下体白色，胸侧白色延伸入肩部。虹膜褐色，嘴短而直、黑褐色，下嘴基部淡绿褐色，跗跖和趾灰绿色，爪黑色。

生活习性： 主要以昆虫为食，也吃螺、蠕虫等小型无脊椎动物。夏候鸟。

栖息环境： 栖息于江河沿岸、湖泊、水库、水塘及沼泽湿地。

41．阔嘴鹬 *Calidris falcinellus*

分类地位： 鸻形目（Charadriiformes） 鹬科（Scolopacidae）

形态特征： 小型涉禽，体长17~19 cm。翼角常具明显的黑色块斑并具双眉纹。与黑腹滨鹬平滑下弯的嘴相比，阔嘴鹬的嘴具微小纽结，使其看似破裂。上体具灰褐色纵纹；下体白色，胸具细纹；腰及尾的中心部位黑而两侧白。冬季与黑腹滨鹬的区别在于眉纹叉开。腿短，与姬鹬易混淆，但嘴不如其直，肩部条纹不甚明显。

生活习性： 主要以甲壳类，软体动物，蠕虫，环节动物，昆虫成虫、幼虫等小型无脊椎动物为食。

栖息环境： 主要栖息于冻原和冻原森林地带中的湖泊、河流、水塘和芦苇沼泽岸边与草地上。

42．黄脚三趾鹑 *Turnix tanki*

分类地位： 鸻形目（Charadriiformes）
三趾鹑科（Turnicidae）

形态特征： 小型鸟类，体长 12～18 cm。外形似鹌鹑，但较小。背、肩、腰和尾上覆羽灰褐色，具黑色和棕色细小斑纹；尾亦为灰褐色，中央尾羽不延长，尾甚短小。雌鸟和雄鸟相似，但体形较大，体色亦较雄鸟鲜艳，下颈和颈侧具棕栗色块斑，下体羽色亦稍深。

生活习性： 主要以植物嫩芽、浆果、草籽、谷粒、昆虫和其他小型无脊椎动物为食。

栖息环境： 栖息于低山丘陵和山脚平原地带的灌丛、草地，也出现于林缘灌丛、疏林、荒地和农田地带。

43．红嘴鸥 *Chroicocephalus ridibundus*

分类地位： 鸻形目（Charadriiformes） 鸥科（Laridae）

形态特征： 中型涉禽，体长 37～40 cm。嘴和脚皆呈红色，身体大部分的羽毛白色，尾羽黑色。脚和趾赤红色，冬时转为橙黄色。爪黑色。

生活习性： 主要以小鱼、虾、水生昆虫、甲壳类、软体动物等水生动物为食，也吃蝇、鼠类、蜥蜴等小型陆栖动物和死鱼。

栖息环境： 栖息于平原和低山丘陵地带的湖泊、河流、水库、河口、鱼塘、海滨和沿海沼泽地带。

44. 西伯利亚银鸥 *Larus smithsonianus*

分类地位： 鸻形目（Charadriiformes） 鸥科（Laridae）

形态特征： 大型水鸟，体长 55~68 cm。头、颈白色。背、肩、翅上覆羽和内侧飞羽鼠灰色，肩羽具宽阔的白色端斑，腰、尾上覆羽和尾羽白色。初级飞羽黑褐色，羽端白色，第 1 枚和第 2 枚初级飞羽具宽阔的白色次端斑和白色端斑。内翈基部具灰白色楔状斑，依次往后初级飞羽基部灰白色楔状斑变为蓝灰色，且扩展到内外翈，而且越往内灰色范围越大，黑色范围越小，到最内一枚初级飞羽全为灰色，仅具黑色次端斑和白色端斑。次级和三级飞羽灰色，具白色端斑。下体白色，翅下覆羽和腋羽亦为白色。虹膜黄色，嘴黄色，下嘴先端具红斑，脚粉红色或淡红色。

生活习性： 主要以鱼和水生无脊椎动物为食，有时在陆地上啄食鼠类、蜥蜴、动物尸体，有时也偷食鸟卵和雏鸟。

栖息环境： 栖息于苔原、荒漠和草地上的河流、湖泊、沼泽，以及海岸与海岛上。

45. 普通燕鸥 *Sterna hirundo*

分类地位： 鸻形目（Charadriiformes）
鸥科（Laridae）

形态特征： 小型涉禽，体长 33～35 cm。繁殖期整个头顶黑色，胸灰色，尾深叉型。非繁殖期上翼及背灰色，尾上覆羽、腰及尾白色，额白色，头顶具黑色及白色杂斑，颈背最黑，下体白色。飞行时，非繁殖期成鸟及亚成鸟的特征为前翼具近黑色的横纹，外侧尾羽羽缘近黑色。

生活习性： 主要以小鱼、虾、甲壳类、昆虫等小型动物为食。常在水面上空飞行，发现食物则急速扎入水中捕食，也常在水面或飞行中捕食飞行的昆虫。

栖息环境： 栖息于平原、草地、荒漠中的湖泊、河流、水塘和沼泽地带。

46. 灰翅浮鸥 *Chlidonias hybrida*

分类地位： 鸻形目（Charadriiformes） 鸥科（Laridae）

形态特征： 小型涉禽，体长 23～26 cm。夏羽前额自嘴基沿眼下缘经耳区到后枕的整个头顶部黑色，肩灰黑色，背、腰、尾上覆羽和尾鸽灰色，外侧一对尾羽灰白色，尾呈叉状，翅上覆羽淡灰色，颏、喉和眼下缘的整个颊部白色。前颈和上胸暗灰色，下胸、腹和两胁黑色。尾下覆羽白色，腋羽和翼下覆羽灰白色。冬羽前额白色，头顶至后颈黑色，具白色纵纹。从眼前经眼和耳覆羽到后头，有一半环状黑斑。其余上体灰色，下体白色。虹膜红褐色，嘴和脚淡紫红色，爪黑色。

生活习性： 主要以小鱼、虾、水生昆虫等水生动物为食。

栖息环境： 栖息于开阔平原的湖泊、水库、河口、海岸和附近沼泽地带。

47. 普通鸬鹚 *Phalacrocorax carbo*

分类地位：鲣鸟目（Suliformes） 鸬鹚科（Phalacrocoracidae）

形态特征：大型游禽，体长 72～87 cm。通体黑色，头颈具紫绿色光泽，两肩和翅具青铜色光泽，嘴角和喉囊黄绿色，眼后下方白色。繁殖期间脸部有红色斑，头颈有白色丝状羽，下胁具白斑。

生活习性：常成群栖息于水边岩石上或水中，以各种鱼类为食。

栖息环境：栖息于河流、湖泊、池塘、水库、河口及其沼泽地带。

48. 紫背苇鳽 *Ixobrychus eurhythmus*

分类地位：鹈形目（Pelecaniformes） 鹭科（Ardeidae）

形态特征：小型涉禽，体长 33～35 cm。上体紫栗褐色，头顶较暗，呈暗栗褐色，背紫栗色，腿和尾上覆羽暗栗褐色。尾羽和飞羽黑褐色，翅上小覆羽暗栗色，中覆羽和大覆羽橄榄灰黄色，初级覆羽黑褐色，羽端白色，颊和颈侧紫栗色。下体土黄色，自颏经前颈到胸部中央有一暗色纵纹，喉侧、颈侧浅土黄白色，胸侧有黑褐色斑点。尾下覆羽白色，翅下覆羽淡黄白色，腋羽灰白色。

生活习性：主要以鱼、虾为食，也食蛙、蝌蚪、泥鳅及水生昆虫。

栖息环境：栖息于开阔平原富有岸边植物的河流、干湿草地、水塘和沼泽地上。

49．夜鹭 *Nycticorax nycticorax*

分类地位：鹈形目（Pelecaniformes）
鹭科（Ardeidae）

形态特征：中型涉禽，体长46~60 cm。体较粗胖，颈较短；嘴尖细，微向下曲，黑色；胫裸出部分较少，脚和趾黄色；头顶至背黑绿色而具金属光泽。上体余部灰色，下体白色。枕部被有2~3枚长带状白色饰羽，下垂至背上，极为醒目。

生活习性：喜结群。主要以鱼、蛙、虾、水生昆虫等动物性食物为食。

栖息环境：栖息和活动于平原和低山丘陵地区的溪流、水塘、江河、沼泽和水田地上。夜出性。

50．苍鹭 *Ardea cinerea*

分类地位：鹈形目（Pelecaniformes）
鹭科（Ardeidae）

形态特征：大型涉禽，体长75~110 cm。嘴、颈、腿甚长，头顶具两条长辫状黑色冠羽，前颈具2~3列纵行黑线。上体灰色，下体白色。飞羽黑灰色，虹膜黄色，嘴黄色，跗跖和趾黄褐色或深棕色，爪黑色。

生活习性：长时间在水边站立不动。飞行时颈后缩成“Z”字形，两脚远远伸于尾后。以鱼、蛙、甲壳类、蝗虫等为食。夏候鸟。

栖息环境：栖息于内陆湿地、沿海湿地和江河、湖泊等水域岸边及其浅水处及稻田。

51．草鹭 *Ardea purpurea*

分类地位：鹈形目（Pelecaniformes） 鹭科（Ardeidae）

形态特征：大型涉禽，体长 80~100 cm。体呈纺锤形。额和头顶蓝黑色，枕部有 2 枚灰黑色长形羽毛形成的冠羽，悬垂于头后，状如辫子，胸前有饰羽。具有“三长”的特点，即喙长、颈长、腿长。腿部被羽，胫部裸露，脚三趾在前一趾在后。

生活习性：主要以小鱼、蛙、甲壳类、蜥蜴、蝗虫等为食。

栖息环境：主要栖息于开阔平原和低山丘陵地带的湖泊、河流、沼泽、水库和水塘岸边及其浅水处。

52．凤头蜂鹰 *Pernis ptilorhynchus*

分类地位：鹰形目（Accipitriformes） 鹰科（Accipitridae）

形态特征：中型猛禽，体长 50~68 cm。头顶暗褐色至黑褐色，头侧具有短而硬的鳞片状羽毛，而且较为厚密，是其独有的特征之一。它的羽冠看上去像在头顶戴了一尊“凤冠”，凤头蜂鹰之名就是由此而来的。虹膜为金黄色或橙红色，嘴为黑色，脚和趾为黄色，爪黑色。

生活习性：主要以鼠类、小型鸟类和昆虫为食。旅鸟。

栖息环境：栖息于不同海拔高度的阔叶林、针叶林和混交林中，尤以疏林和林缘地带较为常见，有时也到林外村庄、农田和果园等小林内活动。

53．金雕 *Aquila chrysaetos*

分类地位：鹰形目（Accipitriformes） 鹰科（Accipitridae）

形态特征：大型猛禽，体长 76~102 cm。头具金色羽冠，嘴巨大。飞行时腰部白色明显可见。尾长而圆，两翼呈浅“V”形。颏、喉和前颈黑褐色，羽基白色。胸、腹亦为黑褐色，羽轴纹较淡，腿覆羽、尾下覆羽和翅下覆羽及腋羽均为暗褐色，腿覆羽具赤色纵纹。

生活习性：以雁鸭类、雉鸡类、松鼠、狍子、鹿、山羊、狐狸、旱獭、野兔等为食，有时也吃鼠类等小型动物。

栖息环境：栖息于草原、荒漠、河谷等地，特别是高山针叶林中。

54．雀鹰 *Accipiter nisus*

分类地位：鹰形目（Accipitriformes） 鹰科（Accipitridae）

形态特征：小型猛禽，体长 30~41 cm。雄鸟上体暗灰色，多具棕色横斑，脸颊棕色。雌鸟体形较大，上体褐色，下脸颊棕色较少。下体皆为白色，雄鸟具细密的红褐色横斑，雌鸟具褐色横斑。尾具 4~5 道黑褐色横斑。虹膜黄色；嘴铅灰色，先端黑色；蜡膜黄绿色；脚黄色。

生活习性：主要以鼠类、小型鸟类和昆虫为食。夏候鸟。

栖息环境：主要栖息于山地、丘陵地的森林和林缘地带。常单飞于空中。

55. 苍鹰 *Accipiter gentilis*

分类地位： 鹰形目（Accipitriformes） 鹰科（Accipitridae）

形态特征： 中小型猛禽，体长 50～60 cm。成鸟前额、头顶、枕和头侧黑褐色；颈部羽基白色；眉纹白而具黑色羽干纹；耳羽黑色；上体到尾灰褐色；飞羽有暗褐色横斑，内翈基部有白色块斑；尾灰褐色，具 3～5 道黑褐色横斑；喉部有黑褐色细纹及暗褐色斑。虹膜幼鸟黄色，成鸟红色。嘴角质灰色，端黑色；脚黄色。

生活习性： 主要以小型啮齿类、小型鸟类和昆虫为食。夏候鸟。

栖息环境： 栖息于不同海拔高度的针叶林、阔叶林和混交林内。

56. 白腹鹞 *Circus spilonotus*

分类地位： 鹰形目（Accipitriformes） 鹰科（Accipitridae）

形态特征： 中型猛禽，体长 50～60 cm。雄鸟头顶至上背白色，具宽阔的黑褐色纵纹；上体黑褐色，具污灰白色斑点；外侧覆羽和飞羽银灰色，初级飞羽黑色，尾上覆羽白色，尾银灰色；下体近白色，微缀皮黄色；喉和胸具黑褐色纵纹。雌鸟暗褐色，头顶至后颈皮黄白色，具锈色纵纹；飞羽暗褐色，尾羽黑褐色。幼鸟暗褐色，头顶和喉皮黄白色。

生活习性： 主要以小型鸟类、啮齿类、蛙、蜥蜴、小型蛇类和大的昆虫为食。

栖息环境： 栖息于沼泽、芦苇塘、江河与湖泊沿岸等较潮湿而开阔的地方。

57. 白尾鹞 *Circus cyaneus*

分类地位：鹰形目（Accipitriformes）
鹰科（Accipitridae）

形态特征：中型猛禽，体长 41~53 cm。雄鸟上体蓝灰色，头和胸色较暗，翅尖黑色，尾上覆羽白色，腹、两胁和翅下覆羽白色。飞翔时，从上面看，蓝灰色的上体、白色的腰和黑色翅尖形成明显对比；从下面看，白色的下体，较暗的胸和黑色的翅尖亦形成鲜明对比。雌鸟上体暗褐色，尾上覆羽白色，下体皮黄白色或棕黄褐色，杂以粗的红褐色或暗棕褐色纵纹。

生活习性：主要以小型鸟类、鼠类、蛙、蜥蜴和大的昆虫等动物性食物为食。

栖息环境：栖息于湖泊、沼泽、河谷、草原、荒野，以及低山和草地，农田和芦苇塘等开阔地区。

58. 鹊鹞 *Circus melanoleucos*

分类地位：鹰形目（Accipitriformes） 鹰科（Accipitridae）

形态特征：中小型猛禽，体长 42~45 cm。两翼细长。雄鸟：体羽黑、白及灰色，头、喉及胸部黑色而无纵纹。雌鸟：上体褐色沾灰色并具纵纹，腰白色，尾具横斑，下体皮黄具棕色纵纹，飞羽下面具近黑色横斑。亚成鸟：上体深褐色，尾上覆羽具苍白色横带，下体栗褐色并具黄褐色纵纹。

生活习性：主要以小鸟、鼠类、林蛙、蜥蜴、蛇、昆虫等动物为食。

栖息环境：栖息于开阔的低山丘陵和山脚平原、草地、旷野、河谷、沼泽、林缘灌丛和沼泽草地。

59. 黑鸢 *Milvus migrans*

分类地位： 鹰形目（Accipitriformes） 鹰科（Accipitridae）

形态特征： 中型猛禽，体长 54～69 cm。头、颈、胸、背深褐色，腹灰白色，具狭细轴纹和褐色斑。飞行时初级飞羽基部具明显的白斑，尾土褐色，尾部凹形。虹膜暗褐色，嘴黑色，蜡膜和下嘴基部黄绿色，脚和趾黄色或黄绿色，爪黑色。

生活习性： 主要以鼠类、小型鸟类和昆虫为食。旅鸟。

栖息环境： 栖息于开阔平原、草地、荒原和低山丘陵地带，也常在城郊、村屯、田野、湖泊上空活动。

60. 灰脸鵟鹰 *Butastur indicus*

分类地位： 鹰形目（Accipitriformes） 鹰科（Accipitridae）

形态特征： 中型猛禽，体长 39～46 cm。上体暗棕褐色，翅上的覆羽也是棕褐色，尾羽为灰褐色。脸颊和耳区为灰色，眼先和喉部均为白色，较为明显，喉部还具有宽的黑褐色中央纵纹。胸部以下为白色，具有较密的棕褐色横斑。眼睛黄色，嘴黑色，嘴基部和蜡膜橙黄色，跗跖和趾黄色，爪黑灰色。

生活习性： 主要以小型蛇类、蛙、蜥蜴、鼠类、松鼠、野兔、狐狸和小鸟等动物性食物为食，有时也吃大的昆虫和动物尸体。

栖息环境： 主要栖息于山地阔叶林、针阔叶混交林及针叶林内。

61. 毛脚鵟 *Buteo lagopus*

分类地位：鹰形目（Accipitriformes） 鹰科（Accipitridae）

形态特征：中型猛禽，体长 50~61 cm。头和胸乳白色，具褐色纵纹；后背暗褐色，具浅色羽缘。尾羽散开呈扇状，白色尾与黑色的次端斑形成鲜明对比。翼角、飞羽末端黑褐色。跗跖被羽至趾基。虹膜黄色，嘴黑褐色，蜡膜黄色，脚黄色，爪黑灰色。

生活习性：主要以啮齿类和小型鸟类等为食。冬候鸟。

栖息环境：冬季栖息于开阔平原、低山丘陵及农田等区域。

62. 大鵟 *Buteo hemilasius*

分类地位：鹰形目（Accipitriformes） 鹰科（Accipitridae）

形态特征：大型猛禽，体长 57~76 cm。头顶和后颈白色，各羽贯以褐色纵纹。头侧白色，有褐色髭纹。上体淡褐色，有 3~9 条暗色横斑，羽干白色。下体大多棕白色，跗跖前面通常被羽，飞翔时翼下有白斑。虹膜黄褐色，嘴黑色，蜡膜黄绿色，跗跖和趾黄色，爪黑色。

生活习性：主要以蛙、蜥蜴、野兔、蛇、黄鼠、旱獭、雉鸡、石鸡、昆虫等为食。

栖息环境：栖息于山地、山脚平原和草原等地区，也出现在高山林缘和开阔的山地草原与荒漠地带。

63. 普通鵟 *Buteo japonicus*

分类地位： 鹰形目（Accipitriformes）

鹰科（Accipitridae）

形态特征： 中型猛禽，体长 50~59 cm。体色变化较大，上体主要为暗褐色，下体主要为暗褐色或淡褐色，具深棕色横斑或纵纹，翼下白色，仅翼尖、翼角和飞羽外缘黑色或全为黑褐色，尾散开呈扇形。虹膜黄色至褐色，嘴灰色端黑，蜡膜黄色，脚黄色。

生活习性： 主要以鼠类、野兔、小型鸟类、蛙、蜥蜴、蛇及昆虫等动物为食。夏候鸟。

栖息环境： 主要栖息于山地森林、林缘地带及低山丘陵山脚平原地区。

64. 红角鸮 *Otus sunia*

分类地位： 鸮形目（Strigiformes）

鸱鸮科（Strigidae）

形态特征： 小型鸮类，体长 16~22 cm。眼黄色，耳簇羽显著，胸满布黑色条纹，体色分灰色型及棕色型，虹膜黄色。嘴暗绿色，下嘴先端近黄色。跗跖被羽不到趾，趾肉灰色，爪灰褐色。

生活习性： 以昆虫、鼠类、小鸟等为食。夏候鸟。

栖息环境： 栖息于山地林间，喜有树丛的开阔原野。

65. 雕鸮 *Bubo bubo*

分类地位：鸮形目（Strigiformes） 鸱鸮科（Strigidae）

形态特征：大型鸮类，体长 55~73 cm。耳羽簇长，橘黄色的眼较大。面盘显著，为淡棕黄色，杂以褐色的细斑。眼的上方有一个大的黑斑。皱翎为黑褐色，头顶为黑褐色，喉部为白色。耳羽特别发达，显著突出于头顶两侧。体羽褐色斑驳。胸部黄色，多具深褐色纵纹且每片羽毛均具褐色横斑。羽延伸至趾。

生活习性：以各种鼠类为主要食物，也吃狐狸、鼬、兔类、蛙、刺猬、豪猪、昆虫、雉鸡等，甚至有蹄类动物。

栖息环境：栖息于山地森林、平原、荒野、林缘灌丛、疏林，以及裸露的高山和峭壁等各类环境中。

66. 长尾林鸮 *Strix uralensis*

分类地位：鸮形目（Strigiformes） 鸱鸮科（Strigidae）

形态特征：中大型猛禽，体长 45~54 cm。头部较圆，没有耳簇羽，面盘显著，为灰白色，具细的黑褐色羽干纹，皱翎也很显著。体羽大多为浅灰色或灰褐色，有暗褐色条纹，下体的条纹特别长，而且只有纵纹，没有横斑。尾羽较长，稍呈圆形，具显著的横斑和白色端斑。虹膜暗褐色，嘴黄色，爪黑褐色。

生活习性：主要以田鼠、棕背䶄、黑线姬鼠等为食，也吃昆虫、蛙、鸟、兔及松鸡科的一些大型鸟类。

栖息环境：栖息于山地针叶林、针阔叶混交林和阔叶林内，特别是阔叶林和针阔叶混交林内较多见，偶尔也出现于林缘次生林和疏林地带。

67. 纵纹腹小鸮 *Athene noctua*

分类地位： 鸮形目（Strigiformes）
鸱鸮科（Strigidae）

形态特征： 小型鸮类，体长 20~26 cm。面盘及皱翎不明显，耳羽不突出。上体褐色，具白纵纹及点斑。下体白色，具褐色杂斑及纵纹，肩上有 2 道白色或皮黄色横斑。虹膜亮黄色。嘴角质，黄绿色。脚白色，被羽。爪黑褐色。

生活习性： 主要捕食昆虫、蚯蚓、两栖动物以及小型的鸟类和鼠类。夏候鸟。

栖息环境： 栖息于低山丘陵、林缘灌丛和平原森林地带，也出现在农田、荒漠和村庄附近的丛林中。

68. 长耳鸮 *Asio otus*

分类地位： 鸮形目（Strigiformes）
鸱鸮科（Strigidae）

形态特征： 中型猛禽，体长 33~40 cm。棕黄色面盘显著，嘴以上的面庞中央部位具明显白色“X”图形。耳羽很长，状如两耳，黑褐色。上体褐色，具暗色块斑及皮黄色和白色的点斑。下体皮黄色，具棕色杂纹及褐色纵纹或斑块。跗跖和趾被羽，棕黄色。虹膜橙红色。嘴和爪暗铅色，尖端黑色。

生活习性： 夜行性，主要捕食鼠类、小型鸟类及昆虫等。留鸟。

栖息环境： 喜欢栖息于山地森林中，也出现于林缘疏林、农田防护林和城市公园的林地中。

69. 戴胜 *Common hoopoe*

分类地位：犀鸟目（Bucerotiformes） 戴胜科（Upupidae）

形态特征：中型鸟类，体长 25～32 cm。头顶具棕色扇形冠羽，冠羽顶端有黑斑。头、上背、肩及下体粉棕色，两翼及尾具黑白相间的条纹。腰白色，虹膜暗褐色。嘴黑色细长而向下弯曲，基部淡肉色。跗跖及趾铅色或褐色。

生活习性：主要以昆虫为食，也食一些蠕虫、蜘蛛、螺类等无脊椎动物。夏候鸟。

栖息环境：栖息于山地、平原、森林、林缘、路边、河谷、农田、草地、村屯和果园等开阔地，尤其以林缘耕地较为常见。

70. 普通翠鸟 *Alcedo atthis*

分类地位：佛法僧目（Coraciiformes）
翠鸟科（Alcedinidae）

形态特征：小型鸟类，体长 16～17 cm。头顶布满暗蓝绿色和艳翠蓝色细斑，眼下和耳后颈侧白色，橘黄色条带横贯眼部及耳羽。体背灰翠蓝色，肩和翅暗绿蓝色。下体橙棕色，颏、喉白色。雄鸟嘴黑色，雌鸟下嘴橘黄色。虹膜褐色，脚红色，爪黑色。

生活习性：常单独活动。多停歇在水边树桩及岩石上耐心观察。发现小鱼浮至水面，俯冲到水面用尖嘴将鱼捕获。以小鱼虾、蝼蛄等为食。夏候鸟。

栖息环境：栖息于溪流、水塘、水库及水田岸边。

71．蚁䴕 *Eurasian Wryneck*

分类地位：啄木鸟目（Piciformes） 啄木鸟科（Picidae）

形态特征：中小型攀禽，体长 17～18 cm。体羽斑驳杂乱，下体具小横斑。嘴相对形短，呈圆锥形。就啄木鸟而言其尾较长，具不明显的横斑。

生活习性：不同于其他啄木鸟，蚁䴕栖于树枝而不攀树，也不錾啄树干取食，主要以地面蚂蚁为食。

栖息环境：栖息于山地森林、灌木丛及开阔地带。

72．白背啄木鸟 *Picoides leucotos*

分类地位：啄木鸟目（Piciformes）

啄木鸟科（Picidae）

形态特征：中型攀禽，体长 22～28 cm。雄鸟头顶至枕朱红色；眼先、颊和耳覆羽棕白色；颊纹黑色，向后延伸至颈侧；后颈至上背黑色，下背和腰白色；胸白色具黑色纵纹，腹及尾下覆羽朱红色。雌鸟头顶黑色，背灰白色。虹膜暗褐色，上嘴黑褐色，下嘴黑灰色，脚黑褐色。

生活习性：飞行呈波浪式。主要以多种昆虫幼虫和小形无脊椎动物为食。留鸟。

栖息环境：主要栖息于森林中，尤其是原始针阔叶混交林和阔叶林较常见。

73．小斑啄木鸟　*Dendrocopos minor*

分类地位：啄木鸟目（Piciformes）
啄木鸟科（Picidae）

形态特征：小型攀禽，体长14~18 cm。雄鸟头顶红色，额、颊淡棕色，眉纹黑色，喉白色，胸以下棕白色具黑褐色纵纹，背、翼黑色缀白色横斑。雌鸟头顶黑色，额灰白色，后颈及背黑色。虹膜红褐色，嘴灰黑色或角灰色，跗跖及趾黑褐色。

生活习性：主要以天牛成虫和幼虫、小蠹虫、蚂蚁、蚜虫、蝇类等各种昆虫为食。留鸟。

栖息环境：主要栖息于低山丘陵和山脚平原阔叶林和混交林中。

74．大斑啄木鸟　*Dendrocopos major*

分类地位：啄木鸟目（Piciformes）　啄木鸟科（Picidae）

形态特征：中型攀禽，体长20~25 cm。上体主要为黑色，额、颊和耳羽棕白色，翼具大块的白斑和白色横斑。下体污白色，无斑。雄鸟枕部具狭窄红色带而雌鸟无。两性臀部均为红色。虹膜暗红色，嘴铅黑或蓝黑色，跗跖和趾褐色。

生活习性：多单独或成对活动。以昆虫成虫、幼虫为食，也食杂草种子。留鸟。

栖息环境：栖息于混交林和阔叶林，也出现于林缘次生林和农田地边疏林及灌丛地带。

75. 黑啄木鸟 *Dryocopus martius*

分类地位： 啄木鸟目（Piciformes） 啄木鸟科（Picidae）

形态特征： 大型啄木鸟，体长 45~47 cm。体形非常大，雄鸟额、头顶至枕后朱红色，羽冠亦为朱红色。耳羽、上背黑色，微沾辉绿色。下背、腰、尾上覆羽、翅上覆羽和飞羽黑褐色。尾羽亦为黑褐色，羽轴具金属光泽。颏、喉、颊暗褐色，其余下体黑褐色。嘴楔形，鼻孔被羽，4 趾。第 1 枚初级飞羽很小，不及第 2 枚的 1/2。雌鸟和雄鸟相似，但雌鸟羽色稍淡，仅头后部有朱红色。虹膜淡黄色，嘴蓝灰色至骨白色，嘴尖铅黑色，脚黑褐色或深灰褐色。幼鸟嘴铅灰至灰白色，嘴端蓝灰色，脚亦为蓝灰色。

生活习性： 食物中约 99% 是蚂蚁，也食甲虫和蝴蝶的幼虫、蛆虫等。

栖息环境： 在北方活动于低地至南方达海拔 2 400 m 的地带。主要栖息于海拔 1 800 m 以下的原始针叶林和针阔叶混交林中，有时亦出现于阔叶林和林缘次生林。

76. 灰头绿啄木鸟 *Picus canus*

分类地位： 啄木鸟目（Piciformes）
啄木鸟科（Picidae）

形态特征： 中大型攀禽，体长 26~32 cm。雄鸟上体背部绿色，头顶和额部红色，枕部灰色并有黑纹，下体灰绿色。雌雄相似，但雌鸟头顶和额部非红色。虹膜红色，嘴灰黑色，脚和趾灰绿色或褐绿色。

生活习性： 常单独或成对活动，很少成群。以蚂蚁、天牛幼虫等昆虫为食，冬季兼食一些植物种子。留鸟。

栖息环境： 主要栖息于低山阔叶林和混交林内，也出现于次生林和林缘地带。主要分布于中国东部，在东北林业大学城市林业示范基地和校园亦可见。

77．红隼 *Falco tinnunculus*

分类地位：隼形目（Falcaniformes） 隼科（Falconidae）

形态特征：小型猛禽，体长 31～38 cm。翅长而狭尖，尾较细长。雄鸟头、颈部蓝灰色；背和翼上覆羽砖红色并具有三角形黑色横斑；尾羽蓝灰色具黑褐色次端斑及白色端斑；下体棕黄色，具黑褐色纵纹和斑点。雌鸟上体从头至尾棕红色，具黑褐色纵纹和横斑。虹膜暗褐色；嘴蓝灰色，先端黑色，基部黄色；蜡膜黄色；跗跖和趾深黄色，爪黑色。

生活习性：以昆虫、小型鸟类、鼠类、蛙类及蜥蜴等为食。留鸟。

栖息环境：栖息于低山丘陵、草原、湿地、城市及农村等各种生境中。

78．红脚隼 *Falco amurensis*

分类地位：隼形目（Falcaniformes） 隼科（Falconidae）

形态特征：小型猛禽，体长 26～30 cm。雄鸟上体大多为石板黑色，下体为淡石板灰色，颏、喉、颈侧乳白色，胸具细的黑褐色羽干纹。雌鸟上体大致为石板灰色，具黑褐色羽干纹，其余下体淡黄白色或棕白色，胸部具黑褐色纵纹，腹中部具点状或矢状斑，腹两侧和两胁具黑色横斑。虹膜褐色，嘴灰色，蜡膜橙红色，脚橙红色。

生活习性：以昆虫、小型鸟类、鼠类、蛙类及蜥蜴等为食。夏候鸟。

栖息环境：主要栖息于低山疏林、草原、沼泽、河流和农田等开阔地区。

79. 燕隼 *Falco subbuteo*

分类地位：隼形目（Falcaniformes） 隼科（Falconidae）

形态特征：小型猛禽，体长 28~35 cm。上体为暗蓝灰色，有一个细细的白色眉纹，颊部有一个垂直向下的黑色髭纹，颈部的侧面、喉部、胸部和腹部均为白色，胸部和腹部还有黑色的纵纹，下腹部至尾下覆羽和覆腿羽为棕栗色。尾羽为灰色或石板褐色，除中央尾羽外，所有尾羽的内侧均具有皮黄色、棕色或黑褐色的横斑和淡棕黄色的羽端。虹膜黑褐色；眼周和蜡膜黄色；嘴蓝灰色，尖端黑色；脚和趾黄色，爪黑色。

生活习性：主要以麻雀、山雀等雀形目小鸟为食。

栖息环境：栖息于有稀疏树木生长的开阔平原、旷野、耕地、海岸、疏林和林缘地带。

80. 黑枕黄鹂 *Oriolus chinensis*

分类地位：雀形目（Passeriformes） 黄鹂科（Oriolidae）

形态特征：中大型鸣禽，体长 22~26 cm。通体羽毛金黄色，两翅和尾黑色。两侧黑色贯眼纹经耳羽向后枕部延伸并相连形成一条围绕头顶的黑色宽带，尤以枕部较宽。雌雄鸟羽色大致相近，雌鸟羽色较暗淡，背面呈黄绿色。虹膜褐色，嘴呈粉红色，脚呈铅色。

生活习性：主要以昆虫为食，也食植物果实及种子。夏候鸟。

栖息环境：主要栖息于低山丘陵和山脚平原地带的天然次生阔叶林和混交林中。

81．灰山椒鸟 *Pericrocotus divaricatus*

分类地位：雀形目（Passeriformes） 山椒鸟科（Campephagidae）

形态特征：小型鸣禽，体长18～21 cm。雄鸟额和头顶前部白色，头顶后部、枕、耳羽、过眼纹黑色；上体灰色或石板灰色；翼黑褐色，具白色翼斑；中央尾羽黑色，外侧尾羽白色；下体白色。雌鸟色浅而多灰色。虹膜暗褐色，嘴、脚、爪均为黑色。

生活习性：波浪式飞行，边飞边鸣叫。主要以昆虫为食。夏候鸟。

栖息环境：主要栖息于茂密的森林中，喜在树冠上层活动。

82．虎纹伯劳 *Lanius trigrinus*

分类地位：雀形目（Passeriformes） 伯劳科（Laniidae）

形态特征：中小型鸣禽，体长17～19 cm。雄鸟：顶冠及颈背灰色；背、两翼及尾浓栗色而多具黑色横斑；过眼线宽且黑；下体白色，两胁具褐色横斑。雌鸟似雄鸟但眼先及眉纹色浅。亚成鸟为较暗的褐色；眼纹黑色，具模糊的横斑；眉纹色浅；下体皮黄色。

生活习性：主要以昆虫，特别是蝗虫、蟋蟀、甲虫、臭虫、蝴蝶和飞蛾为食，也食小鸟和蜥蜴。

栖息环境：喜栖息于疏林边缘，巢址选在带荆棘的灌木及洋槐等阔叶树。

83. 红尾伯劳 *Lanius cristatus*

分类地位：雀形目（Passeriformes） 伯劳科（Laniidae）

形态特征：中小型鸣禽，体长 17~21 cm。头顶至后颈灰褐色，眉纹白色，贯眼纹黑色显著。上体棕褐色或暗灰褐色，尾上覆羽棕红色，尾羽棕褐色。颏、喉和颊白色，其余下体棕白色。虹膜暗褐色，嘴黑色，脚铅灰色。

生活习性：以昆虫、蛙、小鸟等小型动物为食。夏候鸟。

栖息环境：主要栖息于低山丘陵和山脚平原地带的灌丛、疏林和林缘地带。

84. 灰伯劳 *Lanius excubitor*

分类地位：雀形目（Passeriformes） 伯劳科（Laniidae）

形态特征：中型鸣禽，体长 24~26 cm。雄鸟：顶冠、颈背、背及腰灰色；粗大的过眼纹黑色，其上具白色眉纹；两翼黑色具白色横纹；尾黑而边缘白色；下体近白色。雌鸟及亚成鸟：色较暗淡，下体具皮黄色鳞状斑纹。

生活习性：以昆虫、蛙、小鸟等小型动物为食。

栖息环境：主要栖息于海拔 800 m 以下的山地次生阔叶林带的开阔或半开阔的生境。

85．松鸦　*Garrulus glandarius*

分类地位：雀形目（Passeriformes）　鸦科（Corvidae）

形态特征：中型鸦类，体长 30~36 cm。整体近粉褐色，头顶至后颈具黑色纵纹，髭纹黑色。尾上覆羽白色，尾和翅黑色。翅上有辉亮的黑、白、蓝三色相间的横斑，极为醒目。尾下覆羽白色。虹膜褐色，嘴黑色，跗跖肉色，爪黑褐色。

生活习性：以昆虫、浆果、谷物为食，也食蜘蛛、雏鸟、鸟卵等。我国各地均有分布。留鸟。

栖息环境：栖息于针叶林、针阔叶混交林、阔叶林内。

86. 灰喜鹊 *Cyanopica cyana*

分类地位：雀形目（Passeriformes） 鸦科（Corvidae）

形态特征：中大型鸦类，体长 32~42 cm。头顶至后颈黑色，具蓝色金属光泽；背部灰色；翅和尾浅天蓝色；尾长，具白色端斑；下体灰白色。虹膜黑褐色，嘴、跗跖和趾黑色。

生活习性：多成小群活动于树林间，有储存果实的习性。以小型无脊椎动物为食，也食植物果实及种子。留鸟。

栖息环境：主要栖息于低山丘陵和山脚平原地区的次生林和人工林内，农田、路边及村庄附近的林地及城市公园的树上亦可见。

87. 喜鹊 *Pica pica*

分类地位：雀形目（Passeriformes） 鸦科（Corvidae）

形态特征：中型鸦类，体长 36~48 cm。头、颈、胸和上体黑色，颈具紫蓝色金属光泽，背沾蓝绿色金属光泽。腹白色，翼上具大型白斑。两翼及尾黑色并具蓝色光泽。虹膜黑褐色，嘴、跗跖及趾黑色。

生活习性：多成群活动，以各种昆虫、谷物和杂草种子为食。留鸟。

栖息环境：适应能力很强的伴人鸟类，各种生境都能生存，如山麓、林缘、农田、村庄及城市等。

88. 星鸦 *Nucifraga caryocatactes*

分类地位：雀形目（Passeriformes） 鸦科（Corvidae）

形态特征：小型鸦类，体长29～36 cm。体羽大多咖啡褐色，具白色斑。飞翔时黑翅、白色的尾下覆羽和尾羽白端很醒目。体上的白斑点飞行慢时易见。头顶和颈项则逐渐变为稍亮的暗咖啡褐色；下腰到尾上覆羽淡褐黑色；尾下覆羽白色；体羽的其余部分概为暗咖啡褐色，具众多的白色点斑和条纹。颊部、喉和颈部羽毛具纵长白色尖端。下体、背部和肩部的羽端有点状白斑，每一白色点斑周缘是淡褐黑色。翅黑色，具稍淡蓝灰色或淡绿色闪光。尾羽亮黑色，中央尾羽狭窄，最外侧尾羽具宽的白色端斑。翅下覆羽淡黑色、尖端白色。虹膜暗褐色，嘴、跗跖和爪黑色。

生活习性：以松子为食，也埋藏其他坚果以备冬季食用。

栖息环境：主要栖息于针叶林内。

89. 小嘴乌鸦 *Corvus corone*

分类地位：雀形目（Passeriformes） 鸦科（Corvidae）

形态特征：大型鸦类，体长45～55 cm。通体纯黑色，除腹部外均有蓝绿色光泽，额羽为鳞状。喉和胸部羽毛呈矛尖状。嘴和脚黑色，嘴短稍细。与大嘴乌鸦的区别在于额弓较低，嘴虽强劲但显细小。

生活习性：常与其他鸦科近似种结成大群活动，以腐尸、垃圾等杂物为食，亦取食植物的种子和果实。留鸟。

栖息环境：常在低山区繁殖，冬季游荡到平原地区和居民点附近寻找食物和越冬。

90. 大嘴乌鸦 *Corvus macrorhynchos*

分类地位：雀形目（Passeriformes） 鸦科（Corvidae）

形态特征：大型鸦类，体长 45～55 cm。通体黑色，有粗大的嘴，上嘴明显隆起，嘴基部裸露，额突出。上体除头颈部外均带绿色金属光泽，翅与尾具暗紫色光泽。下体暗褐色带灰绿色，几乎无光泽。与小嘴乌鸦的区别在于喙粗且厚，上喙前缘与前额几成直角。

生活习性：除繁殖期间成对活动外，其他季节多成小群活动。主要以昆虫成虫、幼虫和蛹为食，也吃雏鸟、鸟卵、鼠类、腐肉、动物尸体以及植物叶、芽、果实、种子等。留鸟。

栖息环境：主要栖息于低山、平原和各种森林中。

91. 渡鸦 *Corvus corax*

分类地位：雀形目（Passeriformes） 鸦科（Corvidae）

形态特征：大型鸦类，体长 45～55 cm。喙大并略微弯曲，楔形的尾巴明显分层，羽毛大部分都是黑色有光泽。颈羽长尖，脚爪淡褐灰色。幼鸟的羽毛相似但较深，自颏至上胸、颈侧、下腹羽为黑褐色，羽片松散，虹膜暗褐色，嘴、跗跖和趾黑色。

生活习性：杂食性，主要取食小型啮齿类、小型鸟类、爬行类、昆虫和腐肉等，也取食植物的果实等。

栖息环境：主要栖息于高山草甸和山区林缘地带。

92. 煤山雀 *Periparus ater*

分类地位：雀形目（Passeriformes） 山雀科（Paridae）

形态特征：小型鸣禽，体长 9~12 cm。头部黑色，具羽冠。两颊和后颈中央白色，上体深灰色，翅上具两道白斑，下体白色。虹膜褐色；嘴黑色，边缘灰色；脚青灰色。

生活习性：主要以昆虫成虫、幼虫为食，也食少量其他无脊椎动物和植物性食物。留鸟。

栖息环境：栖息于山麓地带的次生阔叶林、阔叶林和针阔叶混交林。

93. 沼泽山雀 *Poecile palustris*

分类地位：雀形目（Passeriformes） 山雀科（Paridae）

形态特征：小型鸣禽，体长 12~14 cm。嘴型较褐头山雀粗而两侧具不清晰白纹。头顶、颏、喉黑色，带金属光泽，头侧及颈白色。上体沙灰褐色，下体苍白。两颊及喉部白色延伸至颈后的长度和由头顶延伸到颈后的黑色区域的宽度是区别本物种与近似的褐头山雀的鉴别特征。

生活习性：主食各种昆虫成虫、幼虫、卵和蛹，也食少量植物种子。留鸟。

栖息环境：常栖息于近水的针叶林、阔叶林或针阔叶混交林中。

94. 褐头山雀 *Poecile montanus*

分类地位： 雀形目（Passeriformes） 山雀科（Paridae）

形态特征： 小型鸣禽，体长 11～13 cm。嘴略黑，尖细。头顶及颏褐黑色，上体褐灰色，下体近白色，两胁皮黄色，无翼斑或项纹。虹膜暗褐，嘴黑褐色，跗跖暗褐色，脚深蓝灰色。

生活习性： 多结群活动。食物为昆虫成虫、幼虫。留鸟。

栖息环境： 栖息于针叶林或针阔叶混交林内。

95. 灰蓝山雀 *Cyanistes cyanus*

分类地位： 雀形目（Passeriformes） 山雀科（Paridae）

形态特征： 小型鸣禽，体长 12～14 cm。嘴短，尾略长，头和下体白色，体纹灰色与紫蓝色。翼斑、次级飞羽的宽阔羽端及尾缘白色。幼鸟下体可沾浅黄色。

生活习性： 主要以昆虫成虫、幼虫为食。

栖息环境： 栖息于阔叶树丛、山溪旁的杨柳树丛间，偶见于绿洲丛林。

96．大山雀 *Parus major*

分类地位： 雀形目（Passeriformes） 山雀科（Paridae）

形态特征： 小型鸣禽，体长 12～14 cm。头黑色，两侧具大型白斑，上体蓝灰色，背沾绿色，腹面白色，中央贯以显著的黑色纵纹。雌鸟羽色与雄鸟相似，但雌鸟腹部中央的黑色纵纹稍细，尾下覆羽的三角形斑不明显。

生活习性： 主要以昆虫成虫、幼虫为食，也吃少量其他无脊椎动物和植物性食物。留鸟。

栖息环境： 栖息于低山和山麓地带的次生阔叶林、针阔叶混交林、人工林和林缘疏林灌丛内。

97．中华攀雀 *Remiz consobrinus*

分类地位： 雀形目（Passeriformes） 攀雀科（Remizidae）

形态特征： 小型鸣禽，体长 12～14 cm。雄鸟体形纤小，顶冠灰色，脸罩黑色，背棕色，尾凹形。雌鸟及幼鸟似雄鸟但色暗，脸罩略呈深色。虹膜深褐色，嘴灰黑色，脚蓝灰色。

生活习性： 主要以昆虫为食，也吃植物的叶、花、芽、花粉和汁液。

栖息环境： 栖息于高山针叶林或混交林内，也活动于低山开阔的村庄附近。

98. 云雀 *Alauda arvensis*

分类地位： 雀形目（Passeriformes） 百灵科（Alaudidae）

形态特征： 小型鸣禽，体长 15～20 cm。雌雄羽色相似，头具短的羽冠，上体沙棕色或皮黄色，具粗的黑褐色羽干纹和红棕色羽缘。下体白色，胸部淡棕色并有多数黑褐色斑点。虹膜深褐色，嘴黑褐色，脚肉褐色。

生活习性： 喜成群活动，遇有惊扰时头上冠羽竖起，浅藏于草丛中。杂食性，主要以植物性食物为食，也吃昆虫等动物性食物。夏候鸟。

栖息环境： 栖息于开阔的平原、草原、沼泽、耕地。

99. 文须雀 *Panurus biarmicus*

分类地位： 雀形目（Passeriformes） 文须雀科（Panuridae）

形态特征： 中小型鸣禽，体长 15～18 cm。嘴黄色、较直而尖，脚黑色。上体棕黄色，翅黑色具白色翅斑，外侧尾羽白色。下体白色，腹皮黄白色。雄鸟头灰色，眼先和眼周黑色并向下与黑色髭纹连在一起，形成一显著的黑斑，在淡色的头部极为醒目，尾下覆羽黑色。

生活习性： 主要以昆虫、蜘蛛、芦苇种子与草籽等为食。

栖息环境： 主要栖息于湖泊及河流沿岸芦苇沼泽中。

100. 东方大苇莺 *Acrocephalus orientalis*

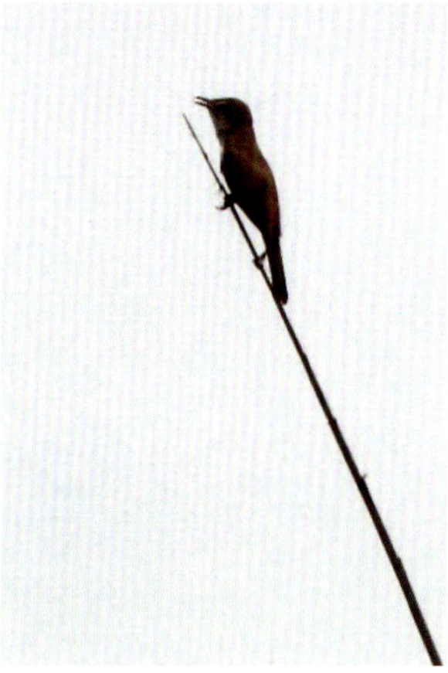

分类地位：雀形目（Passeriformes）

苇莺科（Acrocephalidae）

形态特征：中小型鸣禽，体长 18～20 cm。上体呈橄榄褐色，下体乳黄色。第 1 枚初级飞羽长度不超过初级覆羽。具显著的皮黄色眉纹。雌鸟与雄鸟相似，但雌鸟羽色较暗淡，体形稍小。幼鸟羽色似成鸟，但上体较黄；翼羽除初级飞羽外，均具黄褐色边缘。

生活习性：主要以昆虫成虫、幼虫为食。夏候鸟。

栖息环境：主要栖息于较低海拔的湿地苇丛中，常隐匿于苇丛中鸣唱。

101. 黑眉苇莺 *Acrocephalus bistrigiceps*

分类地位：雀形目（Passeriformes） 苇莺科（Acrocephalidae）

形态特征：小型鸣禽，体长 12～13 cm。上体橄榄棕褐色；眉纹淡黄色，杂有明显黑褐色纵纹；第 2 枚初级飞羽较第 6 枚短；下体白色，两胁暗棕色。

生活习性：主要食柳树、槐树等叶上的蚜虫和小飞虫。

栖息环境：主要栖息于低山和山脚平原地带。

102. 厚嘴苇莺 *Acrocephalus aedon*

分类地位：雀形目（Passeriformes） 苇莺科（Acrocephalidae）

形态特征：中小型鸣禽，体长 18~20 cm。嘴粗短，与其他大型苇莺的区别为无深色眼线且几乎无浅色眉纹而使其看似呆板，尾长而凸。

生活习性：主要以昆虫成虫、幼虫为食。

栖息环境：栖息于低海拔（海拔 800 m 以下）的低山丘陵和山脚平原地带。

103. 矛斑蝗莺 *Locustella lanceolata*

分类地位：雀形目（Passeriformes）
蝗莺科（Locustellidae）

形态特征：小型鸣禽，体长 12~13 cm。上体橄榄褐色并具近黑色纵纹，下体白色而沾赭黄色，胸及两胁具黑色纵纹，眉纹皮黄色，尾端无白色。雌鸟上体羽色似雄鸟，但较暗淡，下体羽黑褐色，羽干纵纹较稀疏。

生活习性：性极畏怯，常隐蔽，单独或成对在茂密的苇草间或灌丛下活动。主要以昆虫为食。

栖息环境：栖息于近水域或沼泽的苇塘、灌丛间。

104. 小蝗莺 *Locustella certhiola*

分类地位：雀形目（Passeriformes） 蝗莺科（Locustellidae）

形态特征：小型鸣禽，体长 15～17 cm。眼纹皮黄色，上体褐色而具灰色及黑色纵纹，两翼及尾红褐色，尾具近黑色的次端斑。下体近白色，胸及两胁皮黄色。幼鸟沾黄色，胸上具三角形黑色点斑。

生活习性：主要以各种昆虫成虫、幼虫为食，胃检有叩头甲成虫、幼虫。偶尔也吃少量植物性食物。

栖息环境：主要栖息于湖泊、河流等水域附近的沼泽地带，低矮树木、灌丛、芦苇丛中及草地，亦见于麦田。

105. 家燕 *Hirundo rustica*

分类地位：雀形目（Passeriformes） 燕科（Hirundinidae）

形态特征：小型鸣禽，体长 18～22 cm。上体钢蓝色，胸偏红而具一道蓝色胸带，腹白色。尾甚长，分叉，近端处具白色点斑。

生活习性：主要以昆虫为食。

栖息环境：常成对或成群栖息于村屯中的房顶、电线上及附近的河滩和田野里。

106. 毛脚燕　*Delichon urbica*

分类地位：雀形目（Passeriformes） 燕科（Hirundinidae）

形态特征：小型鸣禽，体长 12~15 cm。额基、眼先绒黑色，额、头顶、背、肩具蓝黑色金属光泽。下体和腰部白色，翼、尾黑褐色，尾叉状。虹膜灰褐色或暗褐色，嘴黑色、扁平而宽阔。跗跖和趾橙色或淡肉色，均被白色绒羽。

生活习性：迁徙期间常常集成数百只的大群。主要以昆虫为食。夏候鸟。

栖息环境：主要栖息在山地、森林、草坡、河谷等生境，尤喜临近水域的岩石山坡和悬崖。

107. 金腰燕　*Cecropis daurica*

分类地位：雀形目（Passeriformes） 燕科（Hirundinidae）

形态特征：小型鸣禽，体长 16~20 cm。上体黑色，具辉蓝色光泽。眉纹棕色；颏、喉污白色，具黑色纵纹。下体棕白色，而多具黑色的细纵纹，腰部栗色。尾甚长，为深凹形。虹膜暗褐色，嘴黑褐色，跗跖及趾黑色。

生活习性：善飞行，行动敏捷。繁殖时营巢于房檐下。主要以昆虫为食。夏候鸟。

栖息环境：栖息于低山及平原的居民点附近，结小群活动。

108．栗耳短脚鹎　*Hypsipetes amaurotis*

分类地位： 雀形目（Passeriformes）　鹎科（Pycnonotidae）

形态特征： 中小型鸟类，体长 14～28 cm，喙形较细尖，先端微下弯；翅短圆；尾细长，方尾或圆尾；腿短，跗跖短弱，大多被以靴状鳞；体羽柔长而松软，后颈见有纤羽。

生活习性： 主要以昆虫为食，也吃蜘蛛等其他无脊椎动物，偶尔也吃植物种子、浆果等植物性食物。

栖息环境： 主要栖息于河流、湖泊、水库、水塘等水域岸边。

109．褐柳莺　*Phylloscopus fuscatus*

分类地位： 雀形目（Passeriformes）　柳莺科（Phylloscopidae）

形态特征： 小型鸣禽，体长 10～13 cm。上体橄榄褐色，眉纹淡皮黄色，暗褐色贯眼纹前端延至嘴基，向后延至后头。下体白色，胸和尾下覆羽沾棕色，两胁沾棕褐色。

生活习性： 单独或成对活动。主要以昆虫为食，也吃植物种子。夏候鸟。

栖息环境： 常栖息于稀疏而开阔的混交林林缘以及溪流沿岸的疏林与灌丛间。

110．巨嘴柳莺 *Phylloscopus schwarzi*

分类地位：雀形目（Passeriformes） 柳莺科（Phylloscopidae）

形态特征：小型鸣禽，体长 11~13 cm。上体橄榄褐色，腰黄褐色，尾上覆羽棕褐色，眉纹棕白色，贯眼纹暗褐色。上嘴黑褐色，下嘴大部分为褐色，先端浅褐色。颏、喉近白色，胸棕灰色，腹和体侧皮黄色，尾下覆羽棕黄色。

生活习性：性胆小而机警。主要以昆虫为食。夏候鸟。

栖息环境：栖息于阔叶林下灌丛、矮树枝上或林缘草地。

111．黄腰柳莺 *Phylloscopus proregulus*

分类地位：雀形目（Passeriformes） 柳莺科（Phylloscopidae）

形态特征：小型鸣禽，体长 8~10 cm。上体橄榄绿色，腰部有明显的黄带，翅上两条深黄绿色翼斑明显，腹面近白色。

生活习性：常与黄眉柳莺和戴菊混群活动。主要以昆虫为食。夏候鸟。

栖息环境：常成小群活动于林缘次生林、柳丛、道旁疏林灌丛中。

112. 黄眉柳莺 *Phylloscopus inornatus*

分类地位： 雀形目（Passeriformes） 柳莺科（Phylloscopidae）

形态特征： 小型鸣禽，体长 8~11 cm。上体橄榄绿色；头顶有一不明显的中央冠纹；眉纹淡黄绿色；眼先有一暗褐色斑纹，穿过眼后延至枕部；翼上具两道显著白斑；腹面为带黄绿色的白色，下腹白色。

生活习性： 以昆虫成虫、幼虫为食。夏候鸟。

栖息环境： 栖息于针叶林、针阔叶混交林、柳树丛和林缘灌丛中。

113. 极北柳莺 *Phylloscopus borealis*

分类地位： 雀形目（Passeriformes） 柳莺科（Phylloscopidae）

形态特征： 小型鸣禽，体长 11~13 cm。上体橄榄绿色，眉纹明显，翼上横斑不明显，下体白色沾黄色。

生活习性： 食物完全为无脊椎动物。夏候鸟。

栖息环境： 栖息于稀疏的阔叶林、针阔混交林及其林缘的灌丛地带。

114. 双斑绿柳莺 *Phylloscopus plumbeitarsus*

分类地位： 雀形目（Passeriformes）

柳莺科（Phylloscopidae）

形态特征： 小型鸣禽，体长 10～12 cm。上体为橄榄绿色，头顶稍暗，眉纹淡黄白色，贯眼纹暗橄榄褐色。两翅及尾黑褐色，翅上具两道明显的淡黄白色翅斑。胸和两胁沾黄色，下体白色，尾下覆羽淡黄色。

生活习性： 主要食物为昆虫及蜘蛛等动物性食物。夏候鸟。

栖息环境： 常活动于针叶林、针阔叶混交林、白桦及白杨树丛中。

115. 淡脚柳莺 *Phylloscopus tenellipes*

分类地位： 雀形目（Passeriformes） 柳莺科（Phylloscopidae）

形态特征： 小型鸣禽，体长 11～13 cm。上体橄榄褐色，具两道皮黄色的翼斑（春季迁徙期由于磨损往往仅见一条翅斑）。长眉纹白色（眼前方皮黄色），贯眼纹橄榄色。嘴甚大，腿浅粉色，腰及尾上覆羽为清楚的橄榄褐色。下体白色，两胁沾皮黄灰色。

生活习性： 惧生，多藏于森林及次生灌丛的林下植被间，常于地面进食。

栖息环境： 栖息于山间茂密的林下植被间，高可至海拔 1 800 m 的地带。冬季栖息于红树林及灌丛内。

116. 远东树莺 *Horornis borealis*

分类地位：雀形目（Passeriformes） 树莺科（Cettiidae）

形态特征：中大型鸣禽，体长 17～19 cm。具皮黄色眉纹和黑褐色贯眼纹，背部棕褐色，头顶、翅和尾羽偏红褐色，下体污白色，胸和两胁皮黄色。

生活习性：主要以昆虫为食，包括尺蠖蛾科幼虫、甲虫、螟蛾科幼虫、步行虫，以及其他半翅目、鞘翅目、膜翅目、蜉蝣目等昆虫的成虫、幼虫。

栖息环境：栖息于海拔 1 500 m 的次生灌丛中。

117. 鳞头树莺 *Urosphena squameiceps*

分类地位：雀形目（Passeriformes） 树莺科（Cettiidae）

形态特征：小型鸣禽，体长 10～12 cm。具明显的深色贯眼纹和浅色的眉纹，上体纯褐色，下体近白色，两胁及臀皮黄色，顶冠具鳞状斑纹。外形看似矮胖，翼宽且嘴尖细。

生活习性：主要以昆虫为食。

栖息环境：栖息于阔叶林、混交林中，尤其喜欢栖息于溪流两岸的原始混交林中。

118. 北长尾山雀 *Aegithalos caudatus*

分类地位：雀形目（Passeriformes） 长尾山雀科（Aegithalidae）

形态特征：小型鸣禽，体长 12～14 cm。头顶黑色，中央贯以浅色纵纹；头和颈侧呈浅葡萄棕色（指名亚种头部纯白色）；背、尾黑色；下体淡葡萄红色；喉部中央具银灰色斑块。

生活习性：成群活动，不惧人。主要以昆虫为食。留鸟。

栖息环境：多栖息于山地针叶林或针阔叶混交林。

119．棕头鸦雀 *Paradoxornis webbianus*

分类地位： 雀形目（Passeriformes） 莺鹛科（Sylviidae）

形态特征： 小型鸣禽，体长 11～12 cm。嘴短而粗，通体棕色，两翅表面为棕红色；尾长，暗褐色；颏、喉和上胸玫瑰棕色；腹部为带淡黄的橄榄褐色。羽色雌鸟较雄鸟淡。

生活习性： 成群活动。主要以昆虫为食，也吃蜘蛛等其他小型无脊椎动物和杂草种子等。性活泼而大胆，不甚怕人。中国东部及中部各地分布。留鸟。

栖息环境： 栖息于阔叶林、混交林林缘灌丛、疏林草坡和矮树丛间。

120．红胁绣眼鸟 *Zosterops erythropleura*

分类地位： 雀形目（Passeriformes） 绣眼鸟科（Zosteropidae）

形态特征： 小型鸣禽，体长 10～11 cm。全身绿色，腹灰白色；眼周具白圈，白色衬绿色特别明显；两胁为不显著的栗红色。雌雄相似，但雌鸟胁部栗红色，不如雄鸟浓重，略呈黄褐色。

生活习性： 主要取食昆虫，也食少量杂草种子和浆果。夏候鸟。

栖息环境： 栖息于阔叶林和以阔叶树为主的森林中，成小群活动。

121．欧亚旋木雀 *Certhia familiaris*

分类地位：雀形目（Passeriformes） 旋木雀科（Certhiidae）

形态特征：小型鸣禽，体长 13~14 cm。上体棕褐色；嘴细长，向下弯曲；背部有较多白色或棕白色羽干纹；下体乳白色，下腹和尾下覆羽沾皮黄色；尾硬而尖，为楔形尾。

生活习性：有垂直向树干上方爬行觅食的特殊习性。主要以昆虫、蜘蛛和其他节肢动物为食，冬季亦取食植物种子。留鸟。

栖息环境：主要活动于松林和云杉林。

122．普通䴓 *Sitta europaea*

分类地位：雀形目（Passeriformes） 䴓科（Sittidae）

形态特征：小型鸣禽，体长 11~13 cm。上体纯蓝灰色；贯眼纹黑色达于颈侧；眉纹白色或棕白色；中央一对尾羽与上体同色，其余尾羽黑色，外侧两枚具白斑；翅黑；颏、喉近白色；下体余部肉桂色；胁沾栗色；尾下覆羽栗红色，具白色端斑。

生活习性：能在树干向上或向下攀行。主要以昆虫成虫、幼虫为食，冬季亦取食植物种子。留鸟。

栖息环境：喜居于针阔叶混交林、阔叶林内。

123. 鹪鹩 *Troglodytes troglodytes*

分类地位： 雀形目（Passeriformes） 鹪鹩科（Troglodytidae）

形态特征： 小型鸣禽，体长 10～17 cm。头部浅棕色，有黄色眉纹；上体连尾带栗棕色，布满黑色细斑；两翼覆羽尖端为白色。整体棕红褐色，胸腹部颜色略浅，翅膀有深色波形斑纹。嘴长直而较细弱，先端稍曲，无嘴须，即使有也很少且细。鼻孔裸露或部分及全部被有鼻膜。翅短而圆，初级飞羽 8 枚。尾短小而柔软，尾羽大多 12 枚，亦有 8 或 10 枚者。

生活习性： 取食蜘蛛、毒蛾、螟蛾、天牛、小蠹、象甲、蟒象等昆虫。

栖息环境： 栖息于森林、灌木丛、小城镇和郊区的花园、农场的小片林区，城市边缘的林带、灌木丛，岸边草丛。

124. 灰椋鸟 *Spodiopsar cineraceus*

分类地位： 雀形目（Passeriformes） 椋鸟科（Sturnidae）

形态特征： 中型鸣禽，体长 18～24 cm。头顶至后颈和颈侧黑色，额和头顶前部杂有白色，颊和耳羽白色杂有黑色纵纹。上体灰褐色，尾上覆羽白色，尾下覆羽白色。雌鸟色浅而暗。虹膜褐色；嘴橙红色，尖端黑色；跗跖和趾橙黄色。

生活习性： 主要取食昆虫。夏候鸟。

栖息环境： 主要栖息于低山丘陵和开阔平原地带的疏林草甸、河谷阔叶林，以及散生有老龄树的林缘灌丛和次生阔叶林。

125．白眉地鸫　*Zoothera sibirica*

分类地位：雀形目（Passeriformes）　鸫科（Turdidae）

形态特征：中型鸣禽，体长 23～25 cm。眉纹显著。雄鸟石板灰黑色，眉纹白色，尾羽羽端及臀白色。雌鸟橄榄褐色，下体皮黄白色及赤褐色，眉纹皮黄白色。

生活习性：主要以昆虫和无脊椎动物为食，也吃少量植物果实、种子和嫩叶等植物性食物。

栖息环境：主要栖息于混交林和针叶林内，迁徙期间常出现于林缘、道路两侧次生林内，甚至村庄附近。

126．虎斑地鸫　*Zoothera aurea*

分类地位：雀形目（Passeriformes）　鸫科（Turdidae）

形态特征：中型鸣禽，体长 23～27 cm。雌雄羽色相似。上体深棕褐色，各羽均具绒黑色端斑和金棕色次端斑；翅和外侧尾羽暗褐色；翅下具白色带斑；尾羽均具白端；颏、喉均具棕白色，微具黑色羽端；下体两侧棕褐色，具黑褐色鳞状横斑；腹部中央至尾下覆羽白色。

生活习性：地栖性，常单独或成对活动。主要以昆虫等无脊椎动物为食，也吃少量植物果实、种子和嫩叶等植物性食物。夏候鸟。

栖息环境：主要栖息于溪谷、河流两岸和地势低洼的密林中。

127. 灰背鸫 *Turdus hortulorum*

分类地位：雀形目（Passeriformes） 鸫科（Turdidae）

形态特征：中型鸣禽，体长 21～23 cm。嘴均为黄褐色。雄鸟上体深灰色，尾羽和飞羽黑褐色，颏、喉灰白色具黑色羽状纹，胸、腹两侧和胁栗色，胸、腹中央灰白色，尾下覆羽白色。雌鸟上体褐色，下体白色，颏和喉淡棕黄色，胸具黑色纵纹，两胁棕栗色。

生活习性：常单独或成对活动，善于在地上跳跃行走。主要以昆虫成虫、幼虫为食，也吃蚯蚓和植物果实与种子等。夏候鸟。

栖息环境：主要栖息于低山丘陵地带的近水混交林内。

128. 白腹鸫 *Turdus pallidus*

分类地位：雀形目（Passeriformes） 鸫科（Turdidae）

形态特征：中型鸣禽，体长 20～24 cm。雄鸟上体呈橄榄色，颏白色，喉和前颈褐灰色，胸和两胁灰色沾褐色，腹中央及尾下覆羽白色。雌鸟头部色淡，颏、喉白色，有橄榄褐色纵纹。

生活习性：单独或成对活动，迁徙季节集小群。善于在地上跳跃行走，主要以昆虫成虫、幼虫为食，也吃其他小型无脊椎动物和植物果实与种子。夏候鸟。

栖息环境：常栖息于低地河谷等水域附近茂密的混交林内。

129．红尾鸫 *Turdus naumanni*

分类地位： 雀形目（Passeriformes） 鸫科（Turdidae）

形态特征： 中型鸣禽，体长 23~26 cm。头顶黑色；上体橄榄褐色；眉纹棕色；颏、喉棕白色；中央尾羽褐色，其余棕红色；胸部斑点深褐色；下体余部白色。雌鸟体羽较淡。

生活习性： 主要以昆虫及其他小型无脊椎动物为食，也吃山葡萄等各种浆果。夏候鸟。

栖息环境： 多活动在低山丘陵、农田、草地、灌丛、天然次生阔叶林和混交林中。常成群活动在林下和地上。

130．斑鸫 *Turdus eunomus*

分类地位： 雀形目（Passeriformes） 鸫科（Turdidae）

形态特征： 中型鸣禽，体长 23~25 cm。上体黑褐色，两翼棕栗色，眉纹、颏、喉黄白色，尾上覆羽褐色，胸和胁具黑褐色斑纹。

生活习性： 多成群活动，不怯人。主要以昆虫为食。夏候鸟。

栖息环境： 常栖息于混交林和林缘灌丛地带，也出现于农田、地边、果园和村镇附近疏林灌丛草地和路边树上。

131. 红尾歌鸲 *Luscinia sibilans*

分类地位： 雀形目（Passeriformes） 鹟科（Muscicapidae）

形态特征： 中小型鸣禽，体长 12～15 cm。嘴黑色。雄鸟眼先白色，上体橄榄褐色，翼暗褐色，颏、喉、胸和腹两侧具橄榄褐色鳞状斑，尾及部分尾上覆羽棕红色，下体白色。雌鸟上体及尾羽颜色较雄鸟淡，并带有更多的褐色。

生活习性： 多单个活动。以卷叶蛾等多种害虫为食。夏候鸟。

栖息环境： 常栖息于森林中茂密多荫的地面或低矮植被覆盖处。

132. 蓝歌鸲 *Luscinia cyane*

分类地位： 雀形目（Passeriformes）
鹟科（Muscicapidae）

形态特征： 中小型鸣禽，体长 13～15 cm。雄鸟上体青石蓝色，宽宽的黑色过眼纹延至颈侧和胸侧，下体白色。雌鸟上体橄榄褐色，喉及胸褐色并具皮黄色鳞状斑纹，腰及尾上覆羽沾蓝色。亚成鸟及部分雌鸟的尾及腰具些许蓝色。

生活习性： 奔驰时尾部常上下摆动不停，很少在树上栖息和活动。主要以地面的各种昆虫为食。

栖息环境： 栖于密林的地面或近地面处。

133. 红喉歌鸲 *Luscinia calliope*

分类地位： 雀形目（Passeriformes） 鹟科（Muscicapidae）

形态特征： 中小型鸣禽，体长 15～16 cm。雄鸟体羽大部分为纯橄榄褐色，具醒目的白色眉纹和颊纹，喉红色，胸部灰褐色，腹部白色，尾褐色。雌鸟胸带近褐色，头部黑白色条纹独特；喉浅红色，范围小。

生活习性： 多单独或成对活动。以昆虫成虫、幼虫为食，也吃少量植物性食物。夏候鸟。

栖息环境： 主要栖息于低山丘陵和山脚平原地带的次生阔叶林和近水混交林的地面。

134. 蓝喉歌鸲 *Luscinia svecica*

分类地位： 雀形目（Passeriformes） 鹟科（Muscicapidae）

形态特征： 小型鸣禽，体长 12～13 cm。头部、上体主要为土褐色，眉纹白色。尾羽黑褐色，基部栗红色。颏部、喉部辉蓝色，下面有黑色横纹。下体白色，虹膜暗褐色，嘴黑色，脚肉褐色。雌鸟似雄鸟，但颏部、喉部为棕白色。

生活习性： 性情隐怯，常在地下短距离奔驰，稍停，不时扭动尾羽或将尾羽展开。主要以昆虫、蠕虫等为食，也吃植物种子等。

栖息环境： 栖息于灌丛或芦苇丛中。

135. 红胁蓝尾鸲 *Tarsiger cyanurus*

分类地位：雀形目（Passeriformes） 鹟科（Muscicapidae）

形态特征：中小型鸣禽，体长 13～15 cm。雄鸟上体灰蓝色，眉纹前端白色后端不明显，眼先端黑色，下体污白色，两胁栗色，尾羽灰褐色沾蓝色。雌鸟上体橄榄褐色，两胁橙栗色稍淡，尾上覆羽蓝色较淡。

生活习性：多在林下地上奔跑或在灌木低枝间跳跃。主要以昆虫成虫、幼虫为食，也吃少量植物果实与种子等。常单独或成对活动。旅鸟。

栖息环境：栖息于低山丘陵和山脚平原地带的次生林地面。

136. 北红尾鸲 *Phoenicurus auroreus*

分类地位：雀形目(Passeriformes) 鹟科（Muscicapidae）

形态特征：中小型鸣禽，体长 14～16 cm。雄鸟眼先、头侧、喉、上背及翼黑褐色，翼上有白斑，头顶、枕部暗灰色，身体余部棕色，中央尾羽黑褐色。雌鸟除棕色尾羽及白色翼斑外，其余部分灰褐色。

生活习性：常单独或成对活动。主要以昆虫为食，亦食植物种子。夏候鸟。

栖息环境：主要栖息于山地林缘、河谷和居民点附近的灌丛与低矮树丛中。

137．黑喉石䳭 *Saxicola maurus*

分类地位： 雀形目（Passeriformes） 鹟科（Muscicapidae）

形态特征： 小型鸣禽，体长 12～15 cm。整个头部为黑色，背和肩亦为黑色，微缀棕栗色羽缘，至腰逐渐变灰，尾上覆羽白色；颈侧具白斑，亦具棕栗色羽缘；飞羽黑褐色，外侧覆羽黑色而内侧覆羽白色；尾羽黑色；胸部栗棕色，至腹部逐渐变淡成淡栗棕色。雌鸟色较暗而无黑色，喉部浅白色。

生活习性： 主要以昆虫为食，也吃其他小型无脊椎动物。夏候鸟。

栖息环境： 栖息于混交林、灌丛或多草的地区。

138．白喉矶鸫 *Monticola gularis*

分类地位： 雀形目（Passeriformes） 鹟科（Muscicapidae）

形态特征： 中型鸣禽，体长 17～19 cm。两性异色。雄鸟：蓝色限于头顶、颈背及肩部的闪斑，头侧黑色，下体多橙栗色。雌鸟：与其他雌性矶鸫的区别为上体具黑色粗鳞状斑纹。

生活习性： 食物几乎完全为昆虫，主要为甲虫、蝼蛄、鳞翅目幼虫等。

栖息环境： 栖息于混交林、针叶林或多草多岩石地区。

139．灰纹鹟 *Muscicapa griseisticta*

分类地位： 雀形目（Passeriformes） 鹟科（Muscicapidae）

形态特征： 小型鸣禽，体长 12～14 cm。雌雄相似。上体橄榄褐色；下体乌斑明显，排列成纵行状；胸纹较纤细。

生活习性： 在树冠中下部大树侧枝上停歇。食物以昆虫为主，主要是鳞翅目的蛾蝶等及其幼虫。夏候鸟。

栖息环境： 喜栖息于暗针叶林林缘。

140．乌鹟 *Muscicapa sibirica*

分类地位： 雀形目（Passeriformes） 鹟科（Muscicapidae）

形态特征： 小型鸣禽，体长 12～14 cm。上体深灰色，翼上具不明显的皮黄色斑纹，下体白色，白色眼圈明显，喉白色，通常具白色的半颈环。翼长至尾的 2/3。

生活习性： 食物以昆虫为主，主要是鳞翅目的蛾蝶成虫、幼虫。

栖息环境： 栖息于山区或山麓森林的林下植被层及林间。

141．北灰鹟 *Muscicapa dauurica*

分类地位： 雀形目（Passeriformes） 鹟科（Muscicapidae）

形态特征： 小型鸣禽，体长11～14 cm。上体灰褐色，头顶黑褐色，眼先和眼圈白色，翼、尾羽黑褐色，飞羽内翈浅黄白色，颏、喉、腹和尾下覆羽白色，胸灰白色，腋羽近白色。

生活习性： 主要以昆虫为食，多为鳞翅目和膜翅目昆虫。夏候鸟。

栖息环境： 多栖息于混交林、针叶林、阔叶林及附近灌丛中。

142．白眉姬鹟 *Ficedula zanthopygia*

分类地位： 雀形目（Passeriformes） 鹟科（Muscicapidae）

形态特征： 小型鸣禽，体长11～13 cm。雄鸟上体大部分黑色，腰部、下体均鲜黄色，眉纹白色，翼上具明显白色翼斑，尾上覆羽白色。雌鸟与雄鸟羽色具明显差别，上体为暗黄绿色，眼圈白色，腰羽鲜黄色，尾上覆羽黑色。

生活习性： 常单独或成对活动，多在树冠下层低枝处活动和觅食，主要以昆虫成虫、幼虫为食。夏候鸟。

栖息环境： 栖息于低山丘陵和山脚的阔叶林和针阔叶混交林中。

143. 鸲姬鹟 *Ficedula mugimaki*

分类地位：雀形目（Passeriformes） 鹟科（Muscicapidae）

形态特征：小型鸣禽，体长 12~13 cm。雄鸟上体黑色；眼后上方具白眉纹；翼上有大白斑；下体前部赭红色，后部近白色；腋羽橙黄色。雌鸟上体橄榄褐色，无白色眉斑，眼圈淡黄绿色，下体前部橙黄色，喉部白色。

生活习性：常在林间短距离地快速飞行。主要以昆虫为食，兼食植物种子。夏候鸟。

栖息环境：栖息于山地森林和平原的小树林、林缘及林间空地。

144. 红喉姬鹟 *Ficedula albicilla*

分类地位：雀形目（Passeriformes） 鹟科（Muscicapidae）

形态特征：小型鸣禽，体长 11~13 cm。雄鸟上体灰橄榄褐色，眼先和眼周围近白色，颏、喉橙红色，下体余部灰白色，两胁沾棕色。雌鸟体羽比雄鸟淡，颏、喉白色。

生活习性：主要以昆虫成虫、幼虫为食。夏候鸟。

栖息环境：常栖息于低山丘陵和山脚平原地带的针阔叶混交林、林缘疏林灌丛，以及庭院与农田附近小林内。

145. 白腹蓝鹟 *Ficedula cyanomelana*

分类地位： 雀形目（Passeriformes） 鹟科（Muscicapidae）

形态特征： 小型鸣禽，体长 15～20 cm。雄鸟上体、翼及尾钴蓝色，外侧尾羽基部白色，眼先、耳羽、喉、胸及两胁黑色，下体余部白色，颈侧、喉、胸及两胁沾橄榄褐色。雌鸟上体橄榄褐色，腰至尾转浅赤褐色。

生活习性： 主要以昆虫为食。夏候鸟。

栖息环境： 栖息于海拔 1 200 m 以上的针阔叶混交林及林缘灌丛中。

146. 戴菊 *Regulus regulus*

分类地位： 雀形目（Passeriformes） 戴菊科（Regulidae）

形态特征： 小型鸣禽，体长 8～10 cm。雄鸟上体橄榄绿色；头顶中央有菊花状的黄色冠羽，其中部为橙黄色；羽冠两侧各有一条黑色纵纹；翅上有两道白斑；下体灰白色。雌鸟体色似雄鸟，羽冠中央为黄色，体色总体较淡。

生活习性： 主要以各种昆虫为食，冬季也吃少量植物种子。夏候鸟。

栖息环境： 常于针叶林、针阔叶混交林和山脚林缘灌丛地带成群活动。

147. 太平鸟 *Bombycilla garrulus*

分类地位： 雀形目（Passeriformes）

太平鸟科（Bombycillidae）

形态特征： 中小型鸣禽，体长 17~21 cm。全身基本上呈葡萄灰褐色。头部栗褐色，头顶有一细长呈簇状的羽冠，一条黑色贯眼纹从嘴基经眼到后枕，位于羽冠两侧。颏、喉黑色，翼具白色翼斑。初级飞羽黑褐色，具黄色端斑。次级飞羽羽干末端具红色滴状斑。尾下覆羽黄色，尾端黄色。虹膜暗红色，嘴黑色，脚、爪黑色。

生活习性： 主要以植物果实及种子为食，也食昆虫。冬候鸟。

栖息环境： 栖息于低山、丘陵和平原地区的针叶林、阔叶林各类林缘灌丛中。

148. 小太平鸟 *Bombycilla japonica*

分类地位： 雀形目（Passeriformes） 太平鸟科（Bombycillidae）

形态特征： 中小型鸣禽，体长 16~20 cm。头顶前部栗褐色，具长尖簇状的羽冠。黑色的过眼纹绕过冠羽延伸至头后。尾端朱红色，尾下覆羽红色。次级飞羽羽尖绯红色。虹膜紫红色，嘴黑色，脚、爪黑色。

生活习性： 迁徙及越冬期间成小群在针叶林及高大的阔叶树上觅食，常与太平鸟混群活动。主要以植物果实及种子为食，兼食少量昆虫。冬候鸟。

栖息环境： 栖息于低山、丘陵和平原地区的针叶林、阔叶林各类林缘灌丛中。

149．棕眉山岩鹨 *Prunella montanella*

分类地位：雀形目（Passeriformes） 岩鹨科（Prunellidae）

形态特征：中小型鸣禽，体长 14～16 cm。头部黑褐色；眉纹清晰，为皮黄色；背羽棕褐色，具暗褐色纵纹；腰至尾上覆羽及尾羽灰褐色；颏、喉至胸为棕黄色；腹部以下淡黄色，具黑色纵纹。雌鸟头部、胸部颜色较淡。

生活习性：主要以植物种子和昆虫等为食。旅鸟。

栖息环境：栖息于山地丘陵阳坡，在疏林、灌丛和林缘活动。

150．麻雀 *Passer montanus*

分类地位：雀形目（Passeriformes） 雀科（Passeridae）

形态特征：小型鸣禽，体长 12～14 cm。雄鸟由额至后颈纯栗褐色，眼先、眼下缘、颏和喉中央均呈黑色；颊和颈侧白色，耳羽具黑色块斑；背与肩棕褐色，缀以粗的黑色纵纹；腰和尾上覆羽褐色；胸和腹淡灰白色，杂以褐色；尾下覆羽灰褐色。雌鸟下体羽色稍淡。

生活习性：性喜成群。食性较杂，常以植物性食物为主，繁殖期间吃大量昆虫。留鸟。

栖息环境：常在房檐、屋顶以及房前屋后的小树、灌丛和农田地上活动和觅食。

151．山鹡鸰 *Dendronanthus indicus*

分类地位：雀形目（Passeriformes） 鹡鸰科（Motacillidae）

形态特征：中小型鸣禽，体长 16~18 cm。主要羽色为褐色及黑白色。头部和上体橄榄褐色，眉纹白色，从嘴基直达耳羽上方。下体白色，胸部具有两道黑色横斑纹，下面的横斑纹有时不连续。

生活习性：主要以昆虫为食，也吃小蜗牛等。

栖息环境：主要栖息于林间。

152．黄鹡鸰 *Motacilla tschutschensis*

分类地位：雀形目（Passeriformes） 鹡鸰科（Motacillidae）

形态特征：中小型鸣禽，体长 15~18 cm。头顶蓝灰色或暗灰色。上体橄榄绿色或灰色，具白色、黄色或黄白色眉纹。飞羽黑褐色，具两道白色或黄白色横斑。尾黑褐色，最外侧两对尾羽大多白色。下体黄色。

生活习性：主要以昆虫为食，多在地上捕食，有时亦在空中飞行时捕食。

栖息环境：栖息于低山丘陵、平原以及海拔4 000 m以上的高原和山地。

153. 灰鹡鸰 *Motacilla cinerea*

分类地位：雀形目（Passeriformes） 鹡鸰科（Motacillidae）

形态特征：中小型鸣禽，体长16~19 cm。上体暗灰色，眉纹白色。腰和尾上覆羽黄绿色，中央尾羽黑褐色，外侧一对尾羽白色。飞羽黑褐色，具白色翼斑。其余下体黄色。虹膜褐色，嘴黑褐色。雄鸟颏、喉夏羽为黑色，冬羽为白色，雌鸟冬夏羽均为白色。

生活习性：尾不停地上下摆动。以昆虫为食。夏候鸟。

栖息环境：主要栖息于溪流、河谷、湖泊、水塘、沼泽等水域岸边或水域附近。

154. 白鹡鸰 *Motacilla alba*

分类地位：雀形目（Passeriformes） 鹡鸰科（Motacillidae）

形态特征：小型鸣禽，体长15~20 cm。头顶前部和脸白色，头顶后部、枕和后颈黑色，背、肩黑色或灰色，颏、喉白色或黑色，胸黑色，其余下体白色。尾长而窄，尾羽黑色，最外两对尾羽主要为白色。虹膜黑褐色，嘴和跗跖黑色。

生活习性：停息时，尾常不停地上下摆动。主要以昆虫为食，也食植物浆果及种子。夏候鸟。

栖息环境：主要栖息于河流、湖泊、水库、水塘等水域岸边。

155．田鹨 *Anthus richardi*

分类地位：雀形目（Passeriformes） 鹡鸰科（Motacillidae）

形态特征：小型鸣禽，体长 15~20 cm。眉纹浅皮黄色，上体多具褐色纵纹，下体皮黄色，胸具暗褐色纵纹。尾细长，外侧尾羽具白色。虹膜褐色，嘴角褐色，上嘴基部和下嘴稍淡黄色。跗跖及趾黄褐色，后爪长于后趾。

生活习性：波浪式飞行。主要以昆虫为食，也食植物嫩叶。夏候鸟。

栖息环境：主要栖息于开阔平原、草地、沼泽、河滩、林缘灌丛、林间空地以及农田。

156．树鹨 *Anthus hodgsoni*

分类地位：雀形目（Passeriformes） 鹡鸰科（Motacillidae）

形态特征：小型鸣禽，体长 14~17 cm。眉纹粗显，乳白色，耳后具白斑。上体橄榄绿色，具黑褐色纵纹，但不显著。喉及两胁皮黄色，胸及两胁黑色纵纹浓密。虹膜红褐色，上嘴黑色，下嘴肉黄色，跗跖和趾肉色或肉褐色。

生活习性：多在地上奔跑觅食，站立时尾上下摆动。以昆虫为食，也食植物种子、蜘蛛、蜗牛等小型无脊椎动物。旅鸟。

栖息环境：常活动在林缘、路边、河谷、林间空地、高山苔原、草地等各类生境。

157．北鹨 *Anthus gustavi*

分类地位：雀形目（Passeriformes） 鹡鸰科（Motacillidae）

形态特征：小型鸣禽，体长 15～16 cm。上体棕褐色，具黑褐色纵纹及白色羽缘；尾羽暗褐色具棕色缘，最外侧尾羽具白色端斑。眉纹淡棕色，耳羽栗褐色。翼上覆羽颜色似背羽，羽端白缘在翼侧形成两条明显的翼斑。下体灰白色，颈侧、胸、胁有黑褐色纵纹。

生活习性：多以鞘翅目、膜翅目、双翅目的昆虫成虫及幼虫为食，食物缺乏时吃少量植物性食物。

栖息环境：常活动在林缘、路边、河谷、林间空地、高山苔原、草地等各类生境。

158．水鹨 *Anthus spinoletta*

分类地位：雀形目（Passeriformes） 鹡鸰科（Motacillidae）

形态特征：小型鸣禽，体长 16～17 cm。上体橄榄绿色，具褐色纵纹，尤以头部较明显。眉纹乳白色或棕黄色，耳后有一白斑。下体灰白色，胸具黑褐色纵纹。外侧尾羽部分白色，腿细长，后趾具长爪。适于在地面行走。

生活习性：野外停栖时，尾常上下摆动。主要以昆虫为食，也吃蜘蛛、蜗牛等小型无脊椎动物，还吃苔藓、谷粒、杂草种子等植物性食物。

栖息环境：栖息于海拔 4 000 m 左右的灌丛、草甸地带、开阔平原和低山山脚地带，有时出现在林缘、林中草地、河滩、沼泽、林间空地及居民点附近。

159．燕雀 *Fringilla montifringilla*

分类地位：雀形目（Passeriformes） 燕雀科（Fringillidae）

形态特征：中小型鸣禽，体长 15～16 cm。嘴黄色，嘴尖黑色；脚粉褐色。雄鸟头及颈背黑色，背近黑色，腹灰白色，腰白色，翼和尾黑褐色，肩、颏、喉、胸及两胁橙黄色。雌鸟色淡。

生活习性：常集群活动。主要以杂草种子、农作物种子为食，繁殖期间吃昆虫。旅鸟。

栖息环境：栖息于阔叶林、针阔叶混交林、针叶林和林缘疏林等。

160．锡嘴雀 *Coccothraustes coccothraustes*

分类地位：雀形目（Passeriformes） 燕雀科（Fringillidae）

形态特征：大中型鸣禽，体长 17～19 cm。嘴夏季铅黑色，冬季肉色。雄鸟眼先、嘴基和喉中央黑色；额和头顶浅褐色；头后至颈淡棕黄色；颈具一灰色宽带；背和肩茶褐色；两翅黑色，具茶色金属光泽；腰淡皮黄色；尾端白色；胸腹黄褐色。雌鸟头部黄褐色。

生活习性：主要以植物种子为食，也吃昆虫成虫、幼虫。夏候鸟。

栖息环境：栖息于山地和平原的针阔叶混交林内。

161．黑尾蜡嘴雀 *Eophona migratoria*

分类地位：雀形目（Passeriformes） 燕雀科（Fringillidae）

形态特征：大中型鸣禽，体长 17～19 cm。嘴蜡黄色而端黑色，且膨大。雄鸟头顶、颊及嘴基至颈侧、喉亮黑色，后颈、背和肩部灰褐色，翅、尾灰黑色，飞羽和初级覆羽先端白色，胸腹淡灰褐色，两胁橙黄色。雌鸟头部灰褐色；翼羽白色，端较狭；尾羽大都灰褐色；眼先黑色。

生活习性：主要吃种子、果实、嫩芽等植物性食物，也吃部分昆虫。夏候鸟。

栖息环境：多栖息于平原和低地林地。

162．红腹灰雀 *Pyrrhula pyrrhula*

分类地位：雀形目（Passeriformes） 燕雀科（Fringillidae）

形态特征：中型鸣禽，体长 15～17 cm。雄鸟额、头顶至枕部黑色，具蓝色光泽；眼周、眼先黑色；颊、耳羽和喉部红色；翼和尾黑色；胸、腹橘红色；尾上覆羽和尾下覆羽白色。雌鸟后颈灰色，雄鸟的灰色和红色部分在雌鸟为灰褐色。

生活习性：以落叶松等的种子、树冬芽、浆果为食，也捕食昆虫。冬候鸟。

栖息环境：多栖息于混交林和灌木丛中。

163．普通朱雀 *Carpodacus erythrinus*

分类地位：雀形目（Passeriformes）

燕雀科（Fringillidae）

形态特征：中小型鸣禽，体长 13~16 cm。雄鸟头部至后颈呈洋红色；上背暗褐色；下背至腰暗红色；尾羽暗褐色，羽缘红棕色；颏、喉和胸暗红色，腹部棕白色微沾红色。雌鸟头部橄榄褐色，背灰黄绿色，下体黄白色具暗色羽干纹。

生活习性：主要以植物性食物为食，繁殖期间也吃部分昆虫。冬候鸟。

栖息环境：栖息于中低山和山脚平原地带的阔叶林和次生林林缘、溪边和农田地边的小块树丛和灌丛。

164．长尾雀 *Carpodacus sibiricus*

分类地位：雀形目（Passeriformes） 燕雀科（Fringillidae）

形态特征：中小型鸣禽，体长 15~16 cm。雄鸟头顶、枕和后颈栗红色；眉纹和颊灰色；头侧和颧纹黑色；颏、喉、颈侧和上胸近白色；背栗红色，具黑色纵纹；胸和腹侧棕红色；腹中央淡棕色。雌鸟体色淡，头顶具纵纹，眉纹和喉土黄色。

生活习性：主要以植物果实、种子、草籽和谷粒等为食。留鸟。

栖息环境：栖息于开阔灌丛及林缘地带。

165．北朱雀 *Carpodacus roseus*

分类地位：雀形目（Passeriformes） 燕雀科（Fringillidae）

形态特征：中小型鸣禽，体长 13～16 cm。雄鸟额、头顶、喉银白色，各羽呈鳞片状，羽缘粉红色；背灰褐色，羽缘暗粉红色，具褐色纵纹；尾羽和飞羽黑褐色；翼具两道翼斑；下体浓红色；尾下覆羽粉红色。雌鸟头侧灰褐色，羽缘粉红色，下体密布黑褐色羽干纹。

生活习性：成群迁徙。以杂草种子、浆果和嫩叶为食。冬候鸟。

栖息环境：栖息于低海拔山区的针阔叶混交林、阔叶混交林和阔叶林内。

166．金翅雀 *Carduelis sinica*

分类地位：雀形目（Passeriformes） 燕雀科（Fringillidae）

形态特征：小型鸣禽，体长 13～14 cm。雄鸟额、眉纹、颊及颏黄绿色，眼先黑褐色；耳羽、头顶和后颈灰色；背、肩橄榄褐色；腰黄色；飞羽黑色；翼上有黄色块斑；尾黑色而基部黄色；下体大部分暗黄色；尾下覆羽黄色。雌鸟与雄鸟相似，但羽色较暗淡，头顶至后颈灰褐色并具暗色纵纹。

生活习性：主要以树木和杂草种子、谷物为食，也吃昆虫。留鸟。

栖息环境：栖息于开阔地带林缘、疏林，城镇公园、果园、苗圃、农田地边和村寨附近的树丛中或树上。

167. 白腰朱顶雀 *Carduelis flammea*

分类地位：雀形目（Passeriformes） 燕雀科（Fringillidae）

形态特征：小型鸣禽，体长 13~14 cm。额和头顶深红色，眉纹黄白色；上体各羽多具黑色羽干纹；下背和腰灰白色，沾粉红色，翼上具 2 条白色横带；喉、胸均粉红色，下体余部白色。雌鸟与雄鸟相似，但胸无粉红色斑纹。

生活习性：常于谷子和蒿类的花穗上取食。

栖息环境：栖息于溪边丛生柳林、沼泽化的多草疏林和栎、榆等幼林中，也见于各种乔木杂林和林缘的农田及果园中。

168. 红交嘴雀 *Loxia curvirostra*

分类地位：雀形目（Passeriformes） 燕雀科（Fringillidae）

形态特征：中小型鸣禽，体长 14~16 cm。嘴黑褐色，上下嘴交叉。雄鸟体色主要为朱红色，翼、尾上覆羽、尾黑褐色，尾下覆羽白色沾红色。雌鸟体色主要为暗绿色，腰黄绿色。

生活习性：冬季游荡且结群迁徙。食物全部为落叶松种子。冬候鸟。

栖息环境：喜欢在鱼鳞云杉至臭冷杉林和落叶松 - 白桦林中生活。

169. 白翅交嘴雀 *Loxia leucoptera*

分类地位：雀形目（Passeriformes） 燕雀科（Fringillidae）

形态特征：中小型鸣禽，体长 15~16 cm。嘴黑褐色，嘴相侧交。雄鸟体羽除翼和尾黑色外，余部基本为朱红色；翼上具两道白色横斑；贯眼纹细而黑；下腹白色；脸暗褐色。雌鸟体羽暗绿色，脸灰色，纵纹较多。

生活习性：冬季结群迁徙，常与红交嘴雀混合成群活动。食物主要为云杉、落叶松种子。冬候鸟。

栖息环境：喜欢在鱼鳞云杉至臭冷杉林和落叶松－白桦林中生活。

170. 黄雀 *Carduelis spinus*

分类地位：雀形目（Passeriformes） 燕雀科（Fringillidae）

形态特征：小型鸣禽，体长 10~12 cm。雄鸟额、头顶和枕部黑色；眉纹黄色；耳羽暗绿色；腰金黄色；中央一对尾羽黑褐色，羽缘黄色；其余尾羽基部黄色，端部黑褐色。雌鸟头至背黄绿色，具纵纹；下体仅两侧黄色且布满纵纹。

生活习性：主要以植物嫩芽、种子以及昆虫为食。夏候鸟。

栖息环境：喜栖息于稀疏针叶林和灌丛中。

171. 三道眉草鹀 *Emberiza cioides*

分类地位：雀形目（Passeriformes）
鹀科（Emberizidae）

形态特征：中小型鸣禽，体长14~16 cm。雄鸟头顶、枕和后颈栗红色；眉纹和颊灰色；头侧和颧纹黑色；颏、喉、颈侧和上胸近白色；背栗红色，具黑色纵纹；胸和腹侧棕红色；腹中央淡棕色。雌鸟体色淡，头顶具纵纹，眉纹和喉土黄色。

生活习性：主要以昆虫成虫、幼虫和杂草种子为食。留鸟。

栖息环境：多栖息于开阔灌丛和林缘地带。

172. 栗耳鹀 *Emberiza fucata*

分类地位：雀形目（Passeriformes） 鹀科（Emberizidae）

形态特征：小型鸣禽，体长15~16 cm。繁殖期雄鸟的栗色耳羽与灰色的顶冠及颈侧形成对比。雌鸟与非繁殖期雄鸟相似，但色彩较淡而少特征，和第一冬的圃鹀很相似，但区别为耳羽及腰多棕色，尾侧多白色。

生活习性：主要以杂草种子、谷物和昆虫为食。

栖息环境：喜栖于低山区或半山区的河谷沿岸草甸、森林迹地形成的湿草甸或草甸夹杂稀疏的灌丛内。

173．小鹀 *Emberiza pusilla*

分类地位：雀形目（Passeriformes） 鹀科（Emberizidae）

形态特征：小型鸣禽，体长 13～14 cm。雄鸟头顶中央栗红色，两侧黑色；上体余部黑色；喉侧、胸、胁部土黄色；羽中央黑色，形成一条条黑色纵纹；下体余部白色。雌鸟羽色略似雄鸟但头部栗色、黑色较淡，上体多暗褐色，下体黑色纵纹比较明显。

生活习性：主要以草籽和昆虫为食。旅鸟。

栖息环境：多栖息于水边灌木丛、小乔木、村边树林与农田中。

174．黄眉鹀 *Emberiza chrysophrys*

分类地位：雀形目（Passeriformes） 鹀科（Emberizidae）

形态特征：小型鸣禽，体长 13～14 cm。雄鸟头顶中央冠纹白色；额、侧冠纹、头侧黑色；眉纹鲜黄色；颏黑色；耳羽后部具一白点；颊纹白色；背棕褐色，具黑褐色纵纹；腰和尾上覆羽栗褐色；翼具两道细白斑；喉白色，具黑色细纵纹；下体棕白色；前胸和体侧褐色且具黑色纵纹。雌鸟头顶栗褐色，颏白色。

生活习性：以杂草种子、谷物和昆虫为食。夏候鸟。

栖息环境：栖息于山区混交林、灌丛、草地和农田。

175．田鹀 *Emberiza rustica*

分类地位： 雀形目（Passeriformes） 鹀科（Emberizidae）

形态特征： 中型鸣禽，体长 15～16 cm。头顶羽毛可竖起形成羽冠。雄鸟夏羽头顶、后颈和喉侧黑色；眉纹白色；背至尾上覆羽栗红色；背部具黑色纵纹；翼具两道白色翼斑；颏和喉近白色，两侧各有一行黑色点斑；胸部具栗色横带；下体中央白色，两侧栗色；冬羽头部的黑色变为棕褐色，腹部具纵纹。雌鸟与雄鸟冬羽相似。

生活习性： 主要以杂草种子和谷物为食，也吃昆虫。旅鸟。

栖息环境： 栖息于低山地带的草地、农田和灌丛林缘。

176．黄喉鹀 *Emberiza elegans*

分类地位： 雀形目（Passeriformes） 鹀科（Emberizidae）

形态特征： 中小型鸣禽，体长 14～15 cm。雄鸟头顶具黑色羽冠；眉纹、枕、颏、上喉辉黄色；头侧黑色；下喉两侧白色；背和腹棕栗色，具黑色纵纹；腰灰色；胸部具半月形黑斑；腹近白色。雌鸟色淡，胸部无黑斑。

生活习性： 以昆虫成虫、幼虫为食。夏候鸟。

栖息环境： 栖息于山地针阔叶混交林和次生阔叶林的林缘、河谷、道旁草丛或树根下。

177. 黄胸鹀 *Emberiza aureola*

分类地位：雀形目（Passeriformes） 鹀科（Emberizidae）

形态特征：小型鸣禽，体长 14～15 cm。繁殖期雄鸟额、头顶、头侧、颏及上喉均黑色，尾上覆羽栗褐色；上体余部栗色；中覆羽白色，形成非常明显的白斑；颈、胸部横贯栗褐色带；尾下覆羽几纯白色；下体余部鲜黄色。非繁殖期雄鸟色彩淡许多，颏及喉黄色，仅耳羽黑而具杂斑。雌鸟体色较暗淡，顶纹沙色，眉纹皮黄色较明显，肩上白斑较灰暗。

生活习性：主要以昆虫成虫、幼虫为食。

栖息环境：栖息于低山丘陵和开阔平原地带的灌丛、草甸、草地和林缘地带。

178. 灰头鹀 *Emberiza spodocephala*

分类地位：雀形目（Passeriformes） 鹀科（Emberizidae）

形态特征：中小型鸣禽，体长 13～15 cm。雄鸟嘴基、额、眼先和颏黑色；头余部、颈、喉和胸橄榄绿色；背、肩橄榄褐色，具黑色纵纹；腹部柠檬黄色；两胁褐色具纵纹；尾羽黑褐色，最外侧尾羽具白斑。雌鸟头、颈与背同色；胸黄色，具纵纹；腹淡黄绿色。

生活习性：以杂草种子、谷物和昆虫为食。夏候鸟。

栖息环境：栖息于林缘、灌丛、路边草丛、草地等。

哺乳类

1．东北刺猬 *Erinaceus amurensis*

分类地位：食虫目（Insectivora） 猬科（Erinaceidae）

形态特征：体形肥满，全身如刺球。头宽，吻尖，耳长不超过周围棘长。自头顶向后至尾基部覆棘刺，头顶棘刺向左右两侧分列。四肢和尾短，爪较发达。乳头5对。

生活习性：常单独活动。通常在黄昏和夜间活动，白天多躲藏在洞穴中，在安静的地方休息，饥饿时白天也活动。行动迟缓。

栖息环境：栖息于山地森林、草原、开垦地或荒地、灌木林或草丛等各种环境。

2．狼 *Canis lupus*

分类地位：食肉目（Carnivora）
犬科（Canidae）

形态特征：外形似家犬，吻较尖。两耳直立，裸露无毛。尾毛蓬松但不卷曲。无拇指，爪粗钝，不能弯缩。额部和头顶灰白色带黑色，上下唇黑色。体色多灰黄色，但个体差异较大，有棕灰黄色、棕灰色或淡棕黄色等。体背及体侧长毛尖，多为黑色。额部耳郭及背中央毛色较暗。腹部及四肢内侧灰白色。尾色与体色相同。

生活习性：以肉食为主，成群活动。老爷岭曾发现其踪迹。

栖息环境：山地、森林、草原、荒漠等生境均有其踪迹。

3. 黑熊 *Selenarctos thibetanus*

分类地位：食肉目（Carnivora） 熊科（Ursidae）

形态特征：耳大而圆。颈部粗短，肩不隆起。面部和颈部两侧毛较长，形成近圆形的面盘和颈侧毛丛。四肢强健，通体几乎黑色，胸斑白色。

生活习性：主要在白天活动，善爬树，游泳；能直立行走。视觉差，嗅觉、听觉灵敏。食性较杂，以植物叶、芽、果实、种子为食，有时也吃昆虫、鸟卵和小型兽类。有冬眠习性。

栖息环境：栖息于针阔叶混交林或高山稀树灌丛地带。

4. 东北兔 *Lepus mandschuricus*

分类地位：兔形目（Lagomorpha） 兔科（Leporidae）

形态特征：体形中等，后肢较短，尾也短，冬毛背面一般为浅棕黑色，胸腹部的中央为纯白色，但有浅灰色的毛基。后肢较短。耳向前折达不到鼻端。尾短，略长于后足长之半。

生活习性：善于奔跑、跳跃，平时无固定的巢穴，多晚上出来活动，主要以树皮、嫩枝和木本植物、草本植物为食，对农作物及苗木有害。

栖息环境：一般栖息于针阔叶混交林中，也活动于农田附近沟渠两岸的低洼地、草甸、田野、树林、草丛、灌丛及林缘地带。

5. 花鼠 *Tamias sibiricus*

分类地位：啮齿目（Rodentia） 松鼠科（Sciuridae）

形态特征：耳壳显著，无簇毛。尾毛蓬松，尾端毛较长。头部至背部毛呈黑黄褐色。具5条黑褐色和灰白色、黄白色相间的条纹。尾毛上部为黑褐色，下部为橙黄色，耳郭为黑褐色，边为白色。

生活习性：白天在地面活动多，晨昏之际最活跃，在树上活动少，善爬树，行动敏捷。食性杂，对豆类、麦类、谷类及瓜果等有害。

栖息环境：生境较广泛，平原、丘陵、山地的针叶林、阔叶林、针阔叶混交林以及灌木丛较密的地区都有。

6. 松鼠 *Sciurus vulgaris*

分类地位：啮齿目（Rodentia） 松鼠科（Sciuridae）

形态特征：尾毛密长而且蓬松，四肢及前后足均较长，但前肢比后肢短。全身背部自吻端到尾基、体侧和四肢外侧均为褐灰色；腹部自下颌后方到尾基、四肢内侧均为白色。冬毛具有大束黑色毛簇。不同个体毛色差异较大。

生活习性：白天活动，杂食性，以坚果、种子、芽、昆虫、鸟卵为食。有在秋天囤积粮食的习性，并靠这些食物过冬。

栖息环境：栖息于针叶林或针阔叶混交林内。

7. 飞鼠 *Pteromys volans*

分类地位： 啮齿目（Rodentia） 鼯鼠科（Pteromyidae）

形态特征： 身体小，头短圆，眼大，耳短，肘部至膝盖间具皮膜，四肢张开时皮膜绷紧，借此跃起滑翔。

生活习性： 营树栖生活，能在树枝上攀爬和在树间滑翔，远达 50 m。以松子、橡实、浆果、嫩树枝叶为食，秋末常储存坚果等食物过冬。

栖息环境： 栖息于山地林区的针叶林或针阔叶混交林内。

8. 棕背䶄 *Clethrionomys rufocanus*

分类地位： 啮齿目（Rodentia） 仓鼠科（Cricetidae）

形态特征： 夏毛红棕色或棕褐色，冬毛色淡，为浅棕色。从头顶、颈背、脊背至臀部毛色均一致，体侧毛色为灰色或稍带黄棕色泽，与背色分界不明显。体侧灰色区相当宽，腹毛灰色，有白色毛尖，带有浅棕色泽。尾二色，尾短而纤细，约为体长的 1/3。体毛长而有光泽。四肢短小，后脚长一般小于 20 mm。耳较大，隐匿于毛中。

生活习性： 昼夜均可活动，夏季围绕倒木或树桩疾走，爬上爬下。危害林业，啃咬幼树的树皮，取食时可以环状剥皮，咬食幼苗主梢。

栖息环境： 主要栖息于针阔叶混交林中，为该类林型的优势种。

9. 野猪 *Sus scrofa*

分类地位： 偶蹄目（Artiodactyla） 猪科（Suidae）

形态特征： 体躯健壮，四肢粗短，头较长，耳小并直立，吻部突出似圆锥体，其顶端为裸露的软骨垫。每脚有4趾，且硬蹄，仅中间2趾着地。尾巴细短。犬齿发达，雄性上犬齿外露，并向上翻转，呈獠牙状。耳被有刚硬而稀疏针毛，背脊鬃毛较长而硬，整个体色棕褐色或灰黑色。

生活习性： 一般早晨和黄昏时分活动觅食，中午时分进入密林中躲避阳光，大多集群活动，4~10头一群是较为常见的。野猪喜欢在泥水中洗浴。

栖息环境： 栖息于山地、丘陵、荒漠、森林、草地和林丛间，环境适应能力极强。

10. 马鹿 *Cervus elaphus*

分类地位： 偶蹄目（Artiodactyla） 鹿科（Cervidae）

形态特征： 头面部较长，耳大呈圆锥形。鼻端裸露，两侧和唇部为纯褐色。额部和头顶深褐色，颊部浅褐色。颈部四肢较长。雄性角一般分为6或8叉，在基部即生出眉叉，与主干成直角；二叉三叉的间距较大，后主干再分出2~3叉。

生活习性： 喜欢群居。夏季多在夜间和清晨活动，冬季多在白天活动。善于奔跑和游泳。以各种草、树叶、嫩枝、树皮和果实等为食。

栖息环境： 栖息于各类森林内及距水源较近的环境中。

11. 狍 *Capreolus capreolus*

分类地位：偶蹄目（Artiodactyla） 鹿科（Cervidae）

形态特征：身草黄色，尾根下有白毛。雄狍有角，角小，分三叉，雌狍无角。狍体长达 1 m，颈长，鼻吻裸出无毛。眼大，有眶下腺。耳短宽而圆，内外均被毛。四肢较长，后肢略长于前肢。蹄狭长，尾很短，隐于体毛内。

生活习性：纯植食性动物。采食各种草、树叶、嫩枝、果实、谷物等。

栖息环境：栖息于各类森林中。

帽儿山地区脊椎动物名录

一、帽儿山地区鱼类名录

序号	中文名	学名	食性	数量	区系	保护级别
Ⅰ	圆口纲	**Cyclostomata**				
一	七鳃鳗目	**Petromyzoniformes**				
（一）	七鳃鳗科	**Petromyzonidae**				
1	雷氏七鳃鳗	*Lampetra reissneri*	1	+	1	a
Ⅱ	辐鳍鱼纲	**Actinopterygii**				
二	鲤形目	**Cypriniformes**				
（二）	鲤科	**Cyprinidae**				
2	马口鱼	*Opsariichthys bidens*	1	+	3	
3	草鱼	*Ctenopharyngodon idellus*	2	+	3	
4	餐条	*Hemiculter leucisculus*	3	++	3	
5	银鲴	*Xenocypris argentea*	3	+++	3	
6	棒花鱼	*Abbottina rivularis*	3	++	3	
7	麦穗鱼	*Pseudorasbora parva*	3	+	1	
8	黑龙江鳑鲏	*Rhodeus sericeus*	2	+	1	
9	大鳍鱊	*Acheilognathus macropterus*	3	+		
10	鲤	*Cyprinus carpio*	3	+++	1	
11	鲫	*Carassius auratus*	3	+++	1	
12	鳙	*Aristichthys nobilis*	3	++	1	
13	鲢	*Hypophthalmichthys molitrix*	2	++	1	
（三）	鳅科	**Cobitidae**				
14	北方花鳅	*Cobitis granoei*	2	+	2	
15	黑龙江泥鳅	*Misgurnus moloity*	2	+++	1	
三	鲶形目	**Siluriformes**				
（四）	鲶科	**Siluridae**				
16	鲶	*Silurus asotus*	1	++	1	
四	鲈形目	**Perciformes**				
（五）	塘鳢科	**Eleotridae**				
17	葛氏鲈塘鳢	*Perccottus glenii*	1	++	4	

［注］食性：1. 肉食性鱼类；2. 植食性鱼类；3. 杂食性鱼类。

数量：+++ 为优势种；++ 为 常见种；+ 为稀有种。

区系：1. 上第三纪区系类群；2. 北方平原区系类群；3. 江河平原区系类群；4. 亚热带平原区系类群。

保护级别： a. 列入 IUCN 红皮书极危种类。

二、帽儿山地区两栖类名录

序号	中文名	学名	生境	数量	保护级别
一	有尾目	**Caudata**			
（一）	小鲵科	**Hynobiidae**			
1	极北鲵	*Salamandrella keyserlingii*	1, 2	+	Ⅲ，c
二	无尾目	**Anura**			
（二）	盘舌蟾科	**Discoglossidae**			
2	东方铃蟾	*Bombina orientalis*	1, 2, 3	+	Ⅲ
（三）	蟾蜍科	**Bufonidae**			
3	中华大蟾蜍	*Bufo gargarizans*	1, 2, 3	++	Ⅲ
4	花背蟾蜍	*Bufo raddei*	1, 2, 3	+++	Ⅲ
（四）	雨蛙科	**Hylidae**			
5	东北雨蛙	*Hyla japonica*	1, 2, 3	+	
（五）	蛙科	**Ranidae**			
6	黑龙江林蛙	*Rana amurensis*	1, 2, 3	+++	Ⅲ，c
7	东北林蛙	*Rana dybowskii*	1, 2, 3	+	Ⅲ，c
8	黑斑蛙	*Rana nigromaculata*	1, 2, 3	++	Ⅲ

［注］生境：1. 沼泽；2. 水域；3. 草甸。

数量：+++ 为优势种；++ 为常见种；+ 为稀有种。

保护级别：Ⅲ. 列入《国家保护的有益的或者有重要经济、科学研究价值的陆生野生动物名录》种类；

c. 列入 IUCN 红皮书易危种类。

三、帽儿山地区爬行类名录

序号	中文名	学名	生境	数量	保护级别
一	蜥蜴目	**Lacertiformes**			
(一)	蜥蜴科	**Lacertidae**			
1	丽斑麻蜥	*Eremias argus*	3, 4	+	Ⅲ
二	蛇目	**Serpentiformes**			
(二)	游蛇科	**Colubridae**			
2	枕纹锦蛇	*Elaphe dione*	3, 4	++	Ⅲ
3	红点锦蛇	*Elaphe rufodorsata*	3, 4	+	Ⅲ
4	棕黑锦蛇	*Elaphe schrenckii*	3, 4	+	Ⅲ, c
(三)	蝰科	**Viperidae**			
5	乌苏里蝮	*Gloydius ussuriensis*	3, 4	+	Ⅳ
6	岩栖蝮	*Gloydius saxatilis*	3, 4	+	Ⅲ, Ⅳ, c

[注] 生境：3. 草甸；4. 林地。

数量：++ 为常见种；+ 为稀有种。

保护级别：Ⅲ. 列入《国家保护的有益的或者有重要经济、科学研究价值的陆生野生动物名录》种类；

Ⅳ. 黑龙江省重点保护种类。

c. 列入 IUCN 红皮书易危种类。

四、帽儿山地区鸟类名录

序号	中文名	学名	生境	数量	居留类型	区系类型	保护级别
一	鸡形目	**Galliformes**					
(一)	雉科	**Phasianidae**					
1	花尾榛鸡	*Tetrastes bonasia*	F	++	R	P	Ⅱ, c
2	斑翅山鹑	*Perdix dauurica*	G, F	++	R	P	Ⅲ, c
3	日本鹌鹑	*Coturnix japonica*	G	++	S	C	Ⅲ, Ⅴ
4	雉鸡	*Phasianus colchicus*	G, F	+++	R	P	Ⅲ
二	雁形目	**Anseriformes**					
(二)	鸭科	**Anatidae**					
5	鸿雁	*Anser cygnoid*	W, M, G, L	++	P	P	Ⅲ, Ⅳ, Ⅴ, c
6	豆雁	*Anser fabalis*	W, M, G, L	++	P	P	Ⅲ, Ⅳ, Ⅴ
7	灰雁	*Anser anser*	W, M, G, L	+	P	P	Ⅲ, Ⅳ
8	白额雁	*Anser albifrons*	W, M, G, L	+	P	C	Ⅱ, Ⅴ, c
9	小白额雁	*Anser erythropus*	W, M, G, L	+	P	P	Ⅲ, Ⅳ, Ⅴ
10	小天鹅	*Cygnus columbianus*	W, M	+	P	P	Ⅱ, Ⅴ
11	大天鹅	*Cygnus cygnus*	W, M	+	P	C	Ⅱ, Ⅴ
12	赤麻鸭	*Tadorna ferruginea*	W, M	+++	P	P	Ⅲ, Ⅴ
13	鸳鸯	*Aix galericulata*	W, F	+++	S	P	Ⅱ, c
14	赤膀鸭	*Mareca strepera*	W, M	++	S	C	Ⅲ, Ⅴ
15	罗纹鸭	*Mareca falcata*	W, M	++	S	P	Ⅲ, Ⅴ, c
16	赤颈鸭	*Mareca penelope*	W, M	++	S	P	Ⅲ, Ⅳ, Ⅴ, C
17	绿头鸭	*Anas platyrhynchos*	W, M, L	+++	S	C	Ⅲ, Ⅴ
18	斑嘴鸭	*Anas poecilorhyncha*	W, M, L	+++	S	C	Ⅲ
19	针尾鸭	*Anas acuta*	W	++	S	C	Ⅲ, Ⅴ, C
20	绿翅鸭	*Anas crecca*	W, M	++	S	C	Ⅲ, Ⅴ, C
21	琵嘴鸭	*Spatula clypeata*	W, M	++	S	C	Ⅲ, Ⅳ, Ⅴ, Ⅵ, C
22	白眉鸭	*Spatula querquedula*	W	++	S	P	Ⅲ, Ⅳ, Ⅴ, Ⅵ, C
23	红头潜鸭	*Aythya ferina*	W	++	S	P	Ⅲ, Ⅴ
24	青头潜鸭	*Aythya baeri*	W	++	S	P	Ⅲ, Ⅳ, Ⅴ, c
25	凤头潜鸭	*Aythya fuligula*	W	+	P	P	Ⅲ, Ⅴ
26	长尾鸭	*Clangula hyemalis*	W	+	S	C	Ⅲ, Ⅴ
27	普通秋沙鸭	*Mergus merganser*	W, F	++	S	C	Ⅲ, Ⅴ
三	䴙䴘目	**Podicipediformes**					
(三)	䴙䴘科	**Podicipedidae**					
28	小䴙䴘	*Tachybaptus ruficollis*	W	+++	S	C	Ⅲ, c
29	凤头䴙䴘	*Podiceps cristatus*	W	+++	S	P	Ⅲ, Ⅴ

续表

序号	中文名	学名	生境	数量	居留类型	区系类型	保护级别
四	鸽形目	**Columbiformes**					
(四)	鸠鸽科	**Columbidae**					
30	岩鸽	*Columba rupestris*	F	+	S	P	Ⅲ
31	山斑鸠	*Streptopelia orientalis*	F	+++	S	C	Ⅲ
五	夜鹰目	**Caprimulgiformes**					
(五)	夜鹰科	**Caprimulgidae**					
32	普通夜鹰	*Caprimulgus indicus*	F	++	S	C	Ⅲ，Ⅳ，Ⅴ
(六)	雨燕科	**Apodidae**					
33	白喉针尾雨燕	*Hirundapus caudacutus*	G, F	++	S	O	Ⅲ，Ⅳ，Ⅴ，Ⅵ
34	普通雨燕	*Apus apus*	G, F	++	S	P	Ⅲ
六	鹃形目	**Cuculiformes**					
(七)	杜鹃科	**Cuculidae**					
35	棕腹鹰鹃	*Hierococcyx varius*	F	+	S	C	Ⅲ，Ⅳ，Ⅴ
36	小杜鹃	*Cuculus poliocephalus*	F	+	S	O	Ⅲ，Ⅳ，Ⅴ
37	四声杜鹃	*Cuculus micropterus*	F	+++	S	O	Ⅲ
38	中杜鹃	*Cuculus saturatus*	F	+++	S	C	Ⅲ，Ⅴ，Ⅵ
39	大杜鹃	*Cuculus canorus*	F	+++	S	C	Ⅲ，Ⅴ
七	鹤形目	**Gruiformes**					
(八)	秧鸡科	**Rallidae**					
40	花田鸡	*Coturnicops exquisitus*	M	+	S	P	Ⅴ
41	红胸田鸡	*Zapornia fusca*	M	+	S	C	Ⅲ，Ⅴ
42	斑胁田鸡	*Zapornia paykullii*	M	+	S	P	Ⅲ
43	黑水鸡	*Gallinula chloropus*	M	++	S	C	Ⅲ，Ⅳ，Ⅴ
44	白骨顶	*Fulico atra*	W	++	S	P	Ⅲ
八	鸻形目	**Charadriiformes**					
(九)	蛎鹬科	**Haematopodidae**					
45	蛎鹬	*Haematopus ostralegus*	M, G	+	P	P	Ⅲ，Ⅴ，c
(十)	反嘴鹬科	**Recurvirostridae**					
46	黑翅长脚鹬	*Himantopus himantopus*	M	+	S	C	Ⅲ，Ⅴ
47	反嘴鹬	*Recurvirostra avosetta*	M	+	P	P	Ⅲ，Ⅳ，Ⅴ
(十一)	鸻科	**Charadriidae**					
48	凤头麦鸡	*Vanellus vanellus*	M, G	+++	S	P	Ⅲ，Ⅴ
49	灰头麦鸡	*Vanellus cinereus*	M, G	++	S	P	Ⅲ
50	金鸻	*Pluvialis fulva*	M, G	+	P	C	Ⅲ，Ⅴ，Ⅵ
51	灰鸻	*Pluvialis squatarola*	M, G	+	P	P	Ⅲ，Ⅴ，Ⅵ
52	剑鸻	*Charadrius hiaticula*	M, G	+	S	P	Ⅲ，Ⅵ

续表

序号	中文名	学名	生境	数量	居留类型	区系类型	保护级别
53	金眶鸻	*Charadrius dubius*	M, G	+++	S	C	Ⅲ，Ⅵ
（十二）	鹬科	**Scolopacidae**					
54	丘鹬	*Scolopax rusticola*	M	++	S	P	Ⅲ，Ⅳ，Ⅴ
55	孤沙锥	*Gallinago solitaria*	M	+	S	P	Ⅲ，Ⅳ，Ⅴ，b
56	针尾沙锥	*Gallinago stenura*	M	+++	S	P	Ⅲ，Ⅴ
57	大沙锥	*Gallinago megala*	M	+	S	P	Ⅲ，Ⅴ，Ⅵ
58	扇尾沙锥	*Gallinago gallinago*	M	+++	S	C	Ⅲ，Ⅴ
59	斑尾塍鹬	*Limosa lapponica*	M	+	S	P	Ⅲ
60	小杓鹬	*Numenius minutus*	M, G	+	P	P	Ⅱ，Ⅴ，A，c
61	中杓鹬	*Numenius phaeopus*	M, G	+	P	P	Ⅲ，Ⅴ，Ⅵ
62	大杓鹬	*Numenius madagascariensis*	M, G	+	P	P	Ⅲ，Ⅳ，Ⅴ，Ⅵ，c
63	鹤鹬	*Tringa erythropus*	M	+	P	P	Ⅲ，Ⅴ
64	红脚鹬	*Tringa totanus*	M	+	P	P	Ⅲ，Ⅴ，Ⅵ
65	泽鹬	*Tringa stagnatilis*	M	++	S	P	Ⅲ，Ⅴ，Ⅵ
66	青脚鹬	*Tringa nebularia*	M	+	P	P	Ⅲ，Ⅴ，Ⅵ
67	白腰草鹬	*Tringa ochropus*	M	++	S	P	Ⅲ，Ⅴ
68	林鹬	*Tringa glareola*	M	+++	S	P	Ⅲ，Ⅴ，Ⅵ
69	翘嘴鹬	*Xenus cinereus*		+	S	P	Ⅲ
70	矶鹬	*Actitis hypoleucos*	M	+++	S	P	Ⅲ，Ⅴ，Ⅵ
71	翻石鹬	*Arenaria interpres*	M	+	P	C	Ⅲ，Ⅴ，Ⅵ
72	尖尾滨鹬	*Calidris acuminata*	M	+	P	P	Ⅲ，Ⅴ，Ⅵ，c
73	阔嘴鹬	*Calidris falcinellus*	M	+	P	P	Ⅲ，Ⅴ，Ⅵ
（十三）	三趾鹑科	**Turnicidae**					
74	黄脚三趾鹑	*Turnix tanki*	M	+	S	C	Ⅳ，Ⅴ
（十四）	燕鸻科	**Glareolidae**					
75	普通燕鸻	*Glareola maldivarum*	M, G	+	S	C	Ⅲ，Ⅴ，Ⅵ
（十五）	鸥科	**Laridae**					
76	红嘴鸥	*Chroicocephalus ridibundus*	W, G	+++	S	P	Ⅲ，Ⅴ
77	小鸥	*Hydrocoloeus minutus*	W	+	P	P	Ⅱ
78	西伯利亚银鸥	*Larus smithsonianus*	W, G	++	P	C	Ⅲ，Ⅴ
79	普通燕鸥	*Sterna hirundo*	W	+++	S	C	Ⅲ，Ⅴ，Ⅵ
80	灰翅浮鸥	*Chlidonias hybrida*	W	+++	S	P	Ⅲ
81	白翅浮鸥	*Chlidonias leucopterus*	W	+++	S	P	Ⅲ，Ⅵ
九	鲣鸟目	**Suliformes**					
（十六）	鸬鹚科	**Phalacrocoracidae**					
82	普通鸬鹚	*Phalacrocorax carbo*	W	++	S	C	Ⅲ

续表

序号	中文名	学名	生境	数量	居留类型	区系类型	保护级别
十	鹈形目	**Pelecaniformes**					
（十七）	鹭科	**Ardeidae**					
83	大麻鳽	*Botaurus stellaris*	M	+	S	C	Ⅲ，Ⅴ
84	黄斑苇鳽	*Ixobrychus sinensis*	M	+	S	P	Ⅲ，Ⅳ，Ⅴ，Ⅵ
85	紫背苇鳽	*Ixobrychus eurhythmus*	M	+	S	C	Ⅲ，Ⅴ
86	夜鹭	*Nycticorax nycticorax*	M	++	S	C	Ⅲ，Ⅴ
87	苍鹭	*Ardea cinerea*	M	+++	S	C	Ⅲ，Ⅴ
88	草鹭	*Ardea purpurea*	M	++	S	C	Ⅲ，Ⅴ
十一	鹰形目	**Accipitriformes**					
（十八）	鹗科	**Pandionidae**					
89	鹗	*Pandion haliaetus*	W, M, G, L	+	P	C	Ⅱ，B，c
（十九）	鹰科	**Accipitridae**					
90	凤头蜂鹰	*Pernis ptilorhynchus*	G, F, L	+	P	P	Ⅱ，B，c
91	金雕	*Aquila chrysaetos*	M, G, F	+	S	C	Ⅰ，B，c
92	松雀鹰	*Accipiter virgatus*	F	++	S	O	Ⅱ，Ⅴ，B
93	雀鹰	*Accipiter nisus*	F	+	S	P	Ⅱ，B
94	苍鹰	*Accipiter gentilis*	F	+	S	C	Ⅱ，B
95	白腹鹞	*Circus spilonotus*	M, G	+	S	P	Ⅱ，Ⅴ，B，c
96	白尾鹞	*Circus cyaneus*	M, G	+	S	C	Ⅱ，Ⅴ，B，c
97	鹊鹞	*Circus melanoleucos*	M, G	++	S	P	Ⅱ，Ⅴ，B，c
98	黑鸢	*Milvus migrans*	M, F, L, R	+	S	C	Ⅱ，B
99	白尾海雕	*Haliaeetus albicilla*	W, M, F	+	P	C	Ⅰ，A，b
100	灰脸𫛭鹰	*Butastur indicus*	G, F	++	S	P	Ⅱ，Ⅴ，B，b
101	毛脚𫛭	*Buteo lagopus*	G, F, L	++	W	C	Ⅱ，Ⅴ，B，c
102	大𫛭	*Buteo hemilasius*	M, G, L, F	+	S	C	Ⅱ，B，c
103	普通𫛭	*Buteo japonicus*	M, G, L, F	++	S	C	Ⅱ，B，c
十二	鸮形目	**Strigiformes**					
（二十）	鸱鸮科	**Strigidae**					
104	领角鸮	*Otus lettia*	F, L	+	S	C	Ⅱ，B，c
105	红角鸮	*Otus sunia*	F, L	++	S	C	Ⅱ，B，c
106	雕鸮	*Bubo bubo*	F, L	++	R	P	Ⅱ，B，b
107	长尾林鸮	*Strix uralensis*	F, L	++	R	C	Ⅱ，B，c
108	纵纹腹小鸮	*Athene noctua*	F	+	S	P	Ⅱ，B
109	长耳鸮	*Asio otus*	F, L, R	++	R	C	Ⅱ，Ⅴ，B
110	短耳鸮	*Asio flammeus*	F, L, R	+	R	C	Ⅱ，Ⅴ，B
十三	犀鸟目	**Bucerotiformes**					

续表

序号	中文名	学名	生境	数量	居留类型	区系类型	保护级别
(二十一)	戴胜科	**Upupidae**					
111	戴胜	*Common hoopoe*	F, R, L, R	+++	S	C	Ⅲ
十四	佛法僧目	**Coraciiformes**					
(二十二)	佛法僧科	**Coraciidae**					
112	三宝鸟	*Eurystomus orientalis*	F	+	S	O	Ⅲ, Ⅳ, Ⅴ, c
(二十三)	翠鸟科	**Alcedinidae**					
113	普通翠鸟	*Alcedo atthis*	W, F	++	S	C	Ⅲ
十五	啄木鸟目	**Piciformes**					
(二十四)	啄木鸟科	**Picidae**					
114	蚁䴕	*Eurasian Wryneck*	F	++	R	P	Ⅲ
115	棕腹啄木鸟	*Dedrocopos hyperythrus*	F	+	R	P	Ⅲ, Ⅳ, c
116	白背啄木鸟	*Picoides leucotos*	F	+++	R	P	Ⅲ, Ⅳ, Ⅴ
117	小斑啄木鸟	*Dendrocopos minor*	F	+	R	P	Ⅲ
118	大斑啄木鸟	*Dendrocopos major*	F	+++	R	P	Ⅲ
119	黑啄木鸟	*Dryocopus martius*	F	++	R	P	Ⅲ, Ⅳ
120	灰头绿啄木鸟	*Picus canus*	F	+++	R	P	Ⅲ
十六	隼形目	**Falconiformes**					
(二十五)	隼科	**Falconidae**					
121	红隼	*Falco tinnunculus*	M, G, F	+++	R	C	Ⅱ, B, c
122	红脚隼	*Falco amurensis*	M, G, F	+++	S	P	Ⅱ, B
123	燕隼	*Falco subbuteo*	M, G, F	++	S	P	Ⅱ, Ⅴ, B
十七	雀形目	**Passeriformes**					
(二十六)	黄鹂科	**Oriolidae**					
124	黑枕黄鹂	*Oriolus chinensis*	F	++	S	O	Ⅲ, Ⅳ, Ⅴ
(二十七)	山椒鸟科	**Campephagidae**					
125	灰山椒鸟	*Pericrocotus divaricatus*	F	++	S	O	Ⅲ, Ⅳ, Ⅴ
(二十八)	伯劳科	**Laniidae**					
126	虎纹伯劳	*Lanius trigrinus*	F	+	S	P	Ⅲ, Ⅴ, c
127	牛头伯劳	*Lanius bucephalus*	F	+	S	P	Ⅲ
128	红尾伯劳	*Lanius cristatus*	M, L, G, F	+++	S	P	Ⅲ, Ⅴ
129	灰伯劳	*Lanius excubitor*	G, F	+	W	P	Ⅲ, Ⅳ
130	楔尾伯劳	*Lanius sphenocercus*	L, F	+	P	P	Ⅲ, Ⅳ
(二十九)	鸦科	**Corvidae**					
131	松鸦	*Garrulus glandarius*	F	++	R	C	
132	灰喜鹊	*Cyanopica cyana*	G, L, F	+++	R	P	Ⅲ, Ⅳ
133	喜鹊	*Pica pica*	G, L, F	+++	R	P	Ⅲ

续表

序号	中文名	学名	生境	数量	居留类型	区系类型	保护级别
134	星鸦	*Nucifraga caryocatactes*	G, L, F, R	++	R	P	Ⅳ
135	达乌里寒鸦	*Corvus dauuricus*	G, L, F, R	+	R	P	Ⅲ，Ⅴ
136	秃鼻乌鸦	*Corvus frugilegus*	G, L, F, R	+	R	P	Ⅲ，Ⅴ
137	小嘴乌鸦	*Corvus corone*	G, L, F, R	+++	R	C	
138	大嘴乌鸦	*Corvus macrorhynchos*	G, L, F, R	+	R	C	
139	渡鸦	*Corvus corax*	G, L, F, R	+	R	C	Ⅲ
（三十）	山雀科	**Paridae**					
140	煤山雀	*Periparus ater*	F	++	R	P	Ⅲ
141	沼泽山雀	*Poecile palustris*	M, F	+++	R	P	Ⅲ
142	褐头山雀	*Poecile montanus*	M, F	+++	R	P	Ⅲ
143	灰蓝山雀	*Cyanistes cyanus*	M, F	+	S	P	Ⅲ，Ⅳ
144	大山雀	*Parus major*	F	+++	R	C	Ⅲ
（三十一）	攀雀科	**Remizidae**					
145	中华攀雀	*Remiz consobrinus*	F	+	S	C	Ⅲ
（三十二）	百灵科	**Alaudidae**					
146	云雀	*Alauda arvensis*	G, L	+	P	P	Ⅲ
147	角百灵	*Eremophila alpestris*	G, L	+	P	P	Ⅲ，Ⅴ
（三十三）	文须雀科	**Panuridae**					
148	文须雀	*Panurus biarmicus*	M	+	S	P	
（三十四）	苇莺科	**Acrocephalidae**					
149	东方大苇莺	*Acrocephalus orientalis*	M	++	S	C	Ⅳ，Ⅴ
150	黑眉苇莺	*Acrocephalus bistrigiceps*	M	+++	S	P	Ⅲ，Ⅴ
151	稻田苇莺	*Acrocephalus agricola*	M	+	S	P	
152	芦莺	*Acrocephalus scirpaceus*	M	+	S	P	
153	厚嘴苇莺	*Acrocephalus aedon*	M	++	S	P	
（三十五）	蝗莺科	**Locustellidae**					
154	矛斑蝗莺	*Locustella lanceolata*	G, F	++	S	P	Ⅲ，Ⅴ
155	小蝗莺	*Locustella certhiola*	M, G	+	S	P	
156	苍眉蝗莺	*Locustella fasciolata*	G, F	+	P	P	Ⅲ，Ⅳ，Ⅴ
（三十六）	燕科	**Hirundinidae**					
157	崖沙燕	*Riparia riparia*	G, L	++	S	C	Ⅲ，Ⅴ
158	家燕	*Hirundo rustica*	G, R, L	+++	S	C	Ⅲ，Ⅳ，Ⅴ，Ⅵ
159	毛脚燕	*Delichon urbica*	G, R, L	++	S	C	Ⅲ，Ⅴ
160	金腰燕	*Cecropis daurica*	G, R, L	+++	S	C	Ⅲ，Ⅳ，Ⅴ
（三十七）	鹎科	**Pycnonotidae**					
161	栗耳短脚鹎	*Hypsipetes amaurotis*	F	+	S	O	

续表

序号	中文名	学名	生境	数量	居留类型	区系类型	保护级别
（三十八）	柳莺科	**Phylloscopidae**					
162	褐柳莺	*Phylloscopus fuscatus*	F	++	S	P	Ⅲ
163	巨嘴柳莺	*Phylloscopus schwarzi*	F	+++	S	P	Ⅲ
164	黄腰柳莺	*Phylloscopus proregulus*	F	+++	S	P	Ⅲ
165	黄眉柳莺	*Phylloscopus inornatus*	F	+++	S	P	Ⅲ，Ⅴ
166	极北柳莺	*Phylloscopus borealis*	F	+++	P	P	Ⅲ，Ⅴ，Ⅵ
167	双斑绿柳莺	*Phylloscopus plumbeitarsus*	F	+++	P	P	Ⅲ
168	淡脚柳莺	*Phylloscopus tenellipes*	F	++	S	P	Ⅲ，Ⅴ
169	冕柳莺	*Phylloscopus coronatus*	F	++	S	P	Ⅲ，Ⅴ
（三十九）	树莺科	**Cettiidae**					
170	远东树莺	*Horornis borealis*	F	++	S	P	
171	鳞头树莺	*Urosphena squameiceps*	F	+	S	P	Ⅲ，Ⅴ
（四十）	长尾山雀科	**Aegithalidae**					
172	北长尾山雀	*Aegithalos caudatus*	F	+++	R	P	Ⅲ，Ⅳ
（四十一）	莺鹛科	**Sylviidae**					
173	棕头鸦雀	*Paradoxornis webbianus*	M	+	R	C	Ⅲ
（四十二）	绣眼鸟科	**Zosteropidae**					
174	红胁绣眼鸟	*Zosterops erythropleura*	F	+++	S	C	Ⅲ
（四十三）	旋木雀科	**Certhiidae**					
175	欧亚旋木雀	*Certhia familiaris*	F	+++	R	P	Ⅳ
（四十四）	䴓科	**Sittidae**					
176	普通䴓	*Sitta europaea*	F	+++	R	P	Ⅳ
（四十五）	鹪鹩科	**Troglodytidae**					
177	鹪鹩	*Troglodytes troglodytes*	F	+	S	P	Ⅳ
（四十六）	河乌科	**Cinclidae**					
178	褐河乌	*Cinclus pallasii*	W, F	+	S	C	Ⅳ
（四十七）	椋鸟科	**Sturnidae**					
179	灰椋鸟	*Spodiopsar cineraceus*	G, F	+++	S	P	Ⅲ
180	北椋鸟	*Agropsar sturninus*	G, F	+	S	P	Ⅲ
（四十八）	鸫科	**Turdidae**					
181	白眉地鸫	*Zoothera sibirica*	G, L, F	+	S	P	Ⅲ，Ⅴ
182	虎斑地鸫	*Zoothera aurea*	G, L, F	+	S	P	Ⅲ，Ⅳ，Ⅴ
183	灰背鸫	*Turdus hortulorum*	G, L, F	++	S	P	Ⅲ，Ⅴ
184	白腹鸫	*Turdus pallidus*	G, L, F	++	S	P	Ⅲ，Ⅴ
185	赤颈鸫	*Turdus ruficollis*	G, L, F	+	S	P	
186	红尾鸫	*Turdus naumanni*	G, L, F	++	W	P	

续表

序号	中文名	学名	生境	数量	居留类型	区系类型	保护级别
187	斑鸫	*Turdus eunomus*	G, L, F	++	W	P	Ⅲ, Ⅴ
（四十九）	鹟科	**Muscicapidae**					
188	红尾歌鸲	*Luscinia sibilans*	F	+	S	P	Ⅲ, Ⅴ
189	蓝歌鸲	*Luscinia cyane*	F	+	S	P	Ⅲ, Ⅴ
190	红喉歌鸲	*Luscinia calliope*	M, F	++	S	P	Ⅲ, Ⅴ
191	蓝喉歌鸲	*Luscinia svecica*	M, F	+	S	P	Ⅲ
192	红胁蓝尾鸲	*Tarsiger cyanurus*	F	+++	S	P	Ⅲ, Ⅴ
193	欧亚鸲	*Erithacus rubecula*	R, F	+	O	P	
194	北红尾鸲	*Phoenicurus auroreus*	R, F	+++	S	P	Ⅲ, Ⅴ
195	黑喉石䳭	*Saxicola maurus*	M, G, F	++	S	P	Ⅲ, Ⅴ
196	蓝矶鸫	*Monticola solitarius*	G, L, F	+	S	P	
197	白喉矶鸫	*Monticola gularis*	G, L, F	+	S	P	
198	灰纹鹟	*Muscicapa griseisticta*	F	+	S	P	Ⅲ, Ⅴ, c
199	乌鹟	*Muscicapa sibirica*	F	++	S	P	Ⅲ, Ⅴ
200	北灰鹟	*Muscicapa dauurica*	F	++	S	P	Ⅲ, Ⅴ
201	白眉姬鹟	*Ficedula zanthopygia*	F	++	S	P	Ⅲ, Ⅴ
202	鸲姬鹟	*Ficedula mugimaki*	F	+	S	P	Ⅲ, Ⅴ
203	红喉姬鹟	*Ficedula albicilla*	F	++	S	P	Ⅲ
204	白腹蓝鹟	*Ficedula cyanomelana*	F	+	S	P	
（五十）	戴菊科	**Regulidae**					
205	戴菊	*Regulus regulus*	F	++	S	P	Ⅲ
（五十一）	太平鸟科	**Bombycillidae**					
206	太平鸟	*Bombycilla garrulus*	F	+++	W	P	Ⅲ, Ⅳ, Ⅴ
207	小太平鸟	*Bombycilla japonica*	F	++	W	P	Ⅲ, Ⅳ, Ⅴ, c
（五十二）	岩鹨科	**Prunellidae**					
208	领岩鹨	*Prunella collaris*	L, F	+	P	P	Ⅳ
209	棕眉山岩鹨	*Prunella montanella*	L, F	++	P	P	
（五十三）	雀科	**Passeridae**					
210	麻雀	*Passer montanus*	L, F, R	+++	R	C	Ⅲ, Ⅴ
（五十四）	鹡鸰科	**Motacillidae**					
211	山鹡鸰	*Dendronanthus indicus*	F	+	S	P	Ⅲ, Ⅴ, c
212	黄鹡鸰	*Motacilla tschutschensis*	M, G, F	++	S	P	Ⅲ, Ⅴ, Ⅵ
213	灰鹡鸰	*Motacilla cinerea*	M, G, F	+++	S	P	Ⅲ, Ⅵ
214	白鹡鸰	*Motacilla alba*	M, G, F	+++	S	P	Ⅲ, Ⅴ, Ⅵ
215	田鹨	*Anthus richardi*	M, G, F	+++	S	C	Ⅲ, Ⅴ
216	林鹨	*Anthus trivialis*	F, L	+	P	P	Ⅲ

续表

序号	中文名	学名	生境	数量	居留类型	区系类型	保护级别
217	树鹨	*Anthus hodgsoni*	F, R	+++	S	P	Ⅲ, Ⅴ
218	北鹨	*Anthus gustavi*	M, G, F	+	S	P	Ⅲ, Ⅴ
219	红喉鹨	*Anthus cervinus*	G, F	+	P	C	Ⅲ, Ⅴ
220	水鹨	*Anthus spinoletta*	M, G, R, L	+	P	P	Ⅲ, Ⅴ
（五十五）	燕雀科	**Fringillidae**					
221	苍头燕雀	*Fringilla coelebs*	L, F	+	P	P	Ⅳ
222	燕雀	*Fringilla montifringilla*	L, F	+++	P	P	Ⅲ, Ⅴ
223	锡嘴雀	*Coccothraustes coccothraustes*	F	++	S	P	Ⅲ, Ⅴ
224	黑尾蜡嘴雀	*Eophona migratoria*	F	+	S	P	Ⅲ, Ⅴ
225	黑头蜡嘴雀	*Eophona personata*	F	+	S	P	Ⅲ
226	松雀	*Pinicola enucleator*	F	+	S	P	Ⅲ
227	红腹灰雀	*Pyrrhula pyrrhula*	F	++	W	P	Ⅲ, Ⅴ
228	粉红腹岭雀	*Leucosticte arctoa*	F	++	W	P	Ⅲ, Ⅴ
229	普通朱雀	*Carpodacus erythrinus*	F	+	S	P	Ⅲ, Ⅴ
230	长尾雀	*Carpodacus sibiricus*	F	++	R	P	Ⅲ
231	北朱雀	*Carpodacus roseus*	F	+	P	P	Ⅲ, Ⅴ
232	金翅雀	*Carduelis sinica*	F, G	++	R	P	Ⅲ
233	白腰朱顶雀	*Carduelis flammea*	F, G	++	W	P	Ⅲ, Ⅴ
234	红交嘴雀	*Loxia curvirostra*	F	+	R	P	Ⅲ, Ⅴ
235	白翅交嘴雀	*Loxia leucoptera*	F	+	R	P	Ⅲ, Ⅴ
236	黄雀	*Carduelis spinus*	F, G	++	S	P	Ⅲ, Ⅴ
（五十六）	铁爪鹀科	**Calcariidae**					
237	铁爪鹀	*Calcarius lapponicus*	G, L	+	W	P	Ⅲ, Ⅴ
238	雪鹀	*Plectrophenax nivalis*	G, L	+	W	P	Ⅲ, Ⅳ, Ⅴ
（五十七）	鹀科	**Emberizidae**					
239	白头鹀	*Emberiza leucocephalos*	F	++	P	P	Ⅲ, Ⅴ
240	三道眉草鹀	*Emberiza cioides*	G	+++	R	P	Ⅲ
241	白眉鹀	*Emberiza tristrami*	F	+++	P	P	Ⅲ, Ⅳ
242	栗耳鹀	*Emberiza fucata*	G	+	S	P	Ⅲ
243	小鹀	*Emberiza pusilla*	G	++	P	C	Ⅲ, Ⅴ
244	黄眉鹀	*Emberiza chrysophrys*	G	++	S	P	Ⅲ
245	田鹀	*Emberiza rustica*	G, L, F	+++	P	P	Ⅲ
246	黄喉鹀	*Emberiza elegans*	G, L	++	S	P	Ⅲ, Ⅴ
247	黄胸鹀	*Emberiza aureola*	M, G, L	+	S	P	Ⅲ, Ⅴ
248	栗鹀	*Emberiza rutila*	G, L	++	P	P	Ⅲ

续表

序号	中文名	学名	生境	数量	居留类型	区系类型	保护级别
249	灰头鹀	*Emberiza spodocephala*	M, G, L	+++	S	P	Ⅲ，Ⅴ
250	红颈苇鹀	*Emberiza yessoensis*	M, G	+	S	P	Ⅲ，c
251	芦鹀	*Emberiza schoeniclus*	M	+	S	P	Ⅲ，Ⅴ

［注］生境：W. 水域；M. 沼泽；F. 森林、灌丛；R. 居民区；G. 草甸；L. 农田、荒地。

数量：+++ 为优势种；++ 为常见种；+ 为稀有种。

留居类型：S. 夏候鸟；R. 留鸟；W. 冬候鸟；P. 旅鸟；O. 迷鸟。

区系类型：P. 古北种；O. 东洋种；C. 广布种。

保护级别：Ⅰ. 国家一级重点保护种类；

Ⅱ. 国家二级重点保护种类；

Ⅲ. 列入《国家保护的有益的或者有重要经济、科学研究价值的陆生野生动物名录》种类；

Ⅳ. 黑龙江省重点保护种类；

Ⅴ.《中日保护候鸟及栖息环境协定》共同保护鸟类；

Ⅵ.《中澳保护候鸟及栖息环境协定》共同保护鸟类。

A. 列入 CITES 附录Ⅰ种类；

B. 列入 CITES 附录Ⅱ种类；

C. 列入 CITES 附录Ⅲ种类。

b. 列入 IUCN 红皮书濒危种类；

c. 列入 IUCN 红皮书易危种类。

五、帽儿山地区哺乳类名录

序号	中文名	学名	生境	数量	保护级别
一	食虫目	**Insectivora**			
(一)	猬科	**Erinaceidae**			
1	东北刺猬	*Erinaceus amurensis*	3, 4	++	Ⅲ
(二)	鼹科	**Talpidae**			
2	缺齿鼹	*Mogera robusta*	3, 4, 5	+	
(三)	鼩鼱科	**Soricidae**			
3	小鼩鼱	*Sorex minutus*	3, 4, 5	+	
4	小麝鼩	*Crocidura suaveolens*	3, 4, 5	+	
5	大麝鼩	*Crocidura lasiura*	3, 4, 5	+	
二	翼手目	**Chiroptera**			
(四)	蝙蝠科	**Vespertilionidae**			
6	普通蝙蝠	*Vespertilio murinus*	3, 4	++	
7	大耳蝠	*Plecotus auritus*	4	+	
8	白腹管鼻蝠	*Murina leucogaster*	3, 4	+	
9	萨氏伏翼	*Pipistrellus savii*	4	O	
三	食肉目	**Carnivora**			
(五)	犬科	**Canidae**			
10	狼	*Canis lupus*	2, 3, 4	+	Ⅲ, Ⅳ, B
11	赤狐	*Vulpes vulpes*	3, 4	++	Ⅲ, Ⅳ, c
12	貉	*Nyctereutes procyonoides*	2, 3	++	Ⅲ
(六)	熊科	**Ursidae**			
13	黑熊	*Selenarctos thibetanus*	2, 3, 4	+	Ⅱ, A, c
(七)	鼬科	**Mustelidae**			
14	紫貂	*Martes zibellina*	4	+	Ⅰ, c
15	青鼬	*Martes flavigula*	4	+	Ⅱ, C
16	香鼬	*Mustela altaica*	3, 4	++	Ⅲ, C
17	伶鼬	*Mustela nivalis*	3, 4	+	Ⅲ, Ⅳ
18	黄鼬	*Mustela sibirica*	3, 4	+++	Ⅲ, C, c
19	狗獾	*Meles meles*	2, 3, 4	+	Ⅲ, c
(八)	猫科	**Felidae**			
20	猞猁	*Lynx lynx*	4	+	Ⅱ, B, c
21	豹猫	*Prionailurus bengalensis*	4	+	Ⅲ, Ⅳ, B, c
四	兔形目	**Lagomorpha**			
(九)	兔科	**Leporidae**			
22	东北兔	*Lepus mandschuricus*	3, 4	++	Ⅲ

续表

序号	中文名	学名	生境	数量	保护级别
五	啮齿目	**Rodentia**			
（十）	松鼠科	**Sciuridae**			
23	花鼠	*Tamias sibiricus*	3	+++	Ⅲ
24	松鼠	*Sciurus vulgaris*	3	++	Ⅲ
（十一）	鼯鼠科	**Pteromyidae**			
25	飞鼠	*Pteromys volans*	4	+	Ⅲ
（十二）	仓鼠科	**Cricetidae**			
26	黑线仓鼠	*Cricetulus barabensis*	2, 3, 4, 5, 6	+++	
27	大仓鼠	*Cricetulus triton*	3, 5	++	
28	棕背鮃	*Clethrionomys rufocanus*	4	+++	
29	东方田鼠	*Microtus fortis*	1, 2, 4	++	
30	麝鼠	*Ondatra zibethica*	1, 2	+++	Ⅲ
31	东北鼢鼠	*Myospalax psilurus*	3	++	
（十三）	鼠科	**Muridae**			
32	巢鼠	*Micromys minutus*	2, 3, 4, 5	+	
33	大林姬鼠	*Apodemus speciosus*	2, 3, 4	++	
34	黑线姬鼠	*Apodemus agrarius*	2, 3, 5	+++	
35	褐家鼠	*Rattus norvegicus*	2, 3, 4, 5, 6	+++	
36	小家鼠	*Mus musculus*	2, 3, 4, 5, 6	++	
六	偶蹄目	**Artiodactyla**			
（十四）	猪科	**Suidae**			
37	野猪	*Sus scrofa*	3, 4, 5	++	Ⅲ, c
（十五）	鹿科	**Cervidae**			
38	马鹿	*Cervus elaphus*	3, 4	+	Ⅱ
39	狍	*Capreolus capreolus*	2, 3, 4	+++	Ⅲ

［注］生境：1. 水域；2. 沼泽；3. 草甸；4. 林地；5. 农田；6. 居民区。

数量：+++ 为优势种；++ 为常见种；+ 为稀有种。

保护级别：Ⅰ. 国家一级重点保护种类；

Ⅱ. 国家二级重点保护种类；

Ⅲ. 列入《国家保护的有益的或者有重要经济、科学研究价值的陆生野生动物名录》种类；

Ⅳ. 黑龙江省重点保护种类。

A. 列入 CITES 附录Ⅰ种类；

B. 列入 CITES 附录Ⅱ种类；

C. 列入 CITES 附录Ⅲ种类。

c. 列入 IUCN 红皮书易危种类。

参考文献

[1] 赵文阁 . 黑龙江省两栖爬行动物志 [M]. 北京：科学出版社，2008.

[2] 黑龙江省野生动物研究所 . 黑龙江省鸟类志 [M]. 北京：中国林业出版社，1992.

[3] 马逸清 . 黑龙江省兽类志 [M]. 哈尔滨：黑龙江科学技术出版社，1986.

[4] 常家传，桂千惠子，刘伯文，等 . 东北鸟类图鉴 [M]. 哈尔滨：黑龙江科学技术出版社，1995.

[5] 高玮 . 中国东北地区鸟类及其生态学研究 [M]. 北京：科学出版社，2006.

[6] 郑光美 . 中国鸟类分类与分布名录 [M]. 3 版 . 北京：科学出版社，2017.